KB155535

잡스러운
수학 엿보기

잡스를 키운 것은 수학이다

잡스러운 수학 엿보기

홀거 담베크 지음 | 배명자 옮김

국일미디어

[서문]

수학, 생각만 해도 머리가 아프고 가슴이 답답하다. 오죽하면 수학포기자, 수학 울렁증 환자라는 말이 등장했을까. 더하기 빼기, 구구단만 알아도 사는 데 지장이 없다면 참 고맙겠지만, 수학 없이는 제대로 살아갈 수 없다.

왜 그럴까. 방정식이니 공식, 수식에만 집착하는 동안 우리는 가장 중요한, 수학이 의미하는 것을 놓치고 살아왔다. 그래서 수학이 살아가는 데 반드시 필요한 학문이라 말하면 공감하는 사람이 드물다.

그러나 우리가 생각하지도 못한 일상 곳곳에 수학은 있다. 구체적으로 설명하면 머리만 아프니 간단히 예를 들면 컴퓨터, 텔레비전, 자동차 등 우리 주변, 우리를 편하게 하는 모든 것에 수학이 있다!

창조의 아이콘인 스티브 잡스는 수학자들을 대거 기용해 〈토이 스토리〉를 만들었다. 〈토이 스토리〉의 성공은 잡스의 성공 기반이 되었다. 응용수학을 전공한 구글의 공동 창업자 세르게이 브린은 수학적 알고리즘을 이용해 검색엔진을 만들었다.

초고속 무선인터넷 LTE에도, 수학과는 상관없어 보이는 컴퓨터 그래픽에도 수학은 숨어 있어 모두의 감탄을 자아냈던 〈캐러비안의 해적〉의 정교한 파도 치는 장면을 만들었다.

이 정도면 수학의 위대함을 충분히 알았을 것이다.

그렇다고 모두가 잡스나 브린이 될 수는 없다. 평범한 우리가 수학을 즐기면서 재미있게 공부할 방법은 없을까?

살다 보면 시간을 많이 잡아먹는 수학문제를 풀어야 하는 일이 늘 생긴다. 어떨 땐 계산이 재밌기도 하지만 짜증이 날 때도 있다. 쉽게 빨리 풀 순 없을까?

3238×5=?

문제를 보는 순간 바로 답을 적을 수 있는 기막힌 요령을 알게 될 것이다. 또한, 피자 조각 때문에 아이들이 다투지 않도록 컴퍼스와 자로 공평하게 나누는 방법도 알게 될 것이다. 피자를 나누는 방법으로 케이크도 다섯, 여섯, 여덟 혹은 열 조각으로 똑같이 나눌 수 있다. 더 나아가 종이 접기를 이용해 무엇이든 정확히 삼등분하는 방법도 배우게 될 것이다.

마술은 수학과 참 잘 어울린다. 나는 이 책에서 수학에 뿌리를 둔 마술을 소개할 것이다. 관객이 속으로 생각한 숫자를 알아맞히는 마술. 주사위, 종이, 돈, 도미노, 카드 등을 이용한 마술. 작은 수학마술쇼를 열 수 있을 만큼 트릭은 무궁무진하다.

전작, 《모든 이를 위한 수학》과 《앵무새도 덧셈을 한다》에서처럼 이 책에도 직접 풀어볼 수 있는 흥미로운 수학수수께끼를 실었다. 장이 끝날 때마다 과제를 주는데, 난이도에 따라 별 하나에서 네 개까지 표시를 해두었다.

원하든 원치 않든 우리는 일상에서 계속 수학을 만난다. 수학에 대한 고정관념에서 벗어나 '수학의 눈'으로 세상을 보면 수학은 실생활에 놀랍도록 도움이 된다. 기발하고 재미있는 수학 세상 이야기를 담고 있는 이 책은 수학이 그리 어렵지도 딱딱하지도 않다고 알려준다. 수많은 수학의 아이디어들이 우리를 둘러싼 세상에서 반짝이고 있다.

– 홀거 담베크

목차

서문 4

1 언제나 플러스 : 계산트릭과 숫자기술

10으로 묶기 _ 13 | 5를 곱하는 계산 _ 15 | 그룹으로 묶어서 보기 _ 16 | 9, 18, 27을 곱하는 계산 _ 19 | 25를 곱하는 계산 _ 19 | 11을 곱하는 계산 _ 20 | 12를 곱하는 계산 _ 23 | 15를 곱하는 계산 _ 25 | 제곱과 세제곱 _ 27 | 5로 끝나는 수 _ 30 | 10의 자릿수 혹은 1의 자릿수가 같을 때 _ 31 | 100에 가까운 수 _ 33 | 쌍둥이 수에 9를 곱하는 계산 _ 34 | 과제 _ 36

2 기하학 : 완벽한 모양과 공평한 나눔

타원 그리기 _ 42 | n각형 그리기 _ 44 | 여섯 조각으로 피자 나누기 _ 48 | 정오각형 _ 49 | 작도 대신 접기 : 종이접기 _ 53 | 각을 삼등분하기 _ 56 | 과제 _ 61

3 분할하여 통치하라 : 각 자릿수의 합과 동화 속 숫자

각 자릿수의 합 _ 67 | 9로만 구성된 수 _ 68 | 11의 배수 트릭 _ 71 | 뒤에서부터 잘라내기 _ 73 | 동화 속 숫자 계산 _ 74 | 나누어서 더하기 _ 78 | 표본 검산 _ 81 | 과제 _ 84

4 안전보장 : 체계적인 매듭

에테르에서 매듭으로 _ 91 | 리본 꼬아 묶기 _ 94 | 중요한 건 어쨌든 잘 묶는 것 _ 96 | 신사들을 위한 위상수학 _ 104 | 좋은 조합 _ 108 | 단순하고 간단하게 : 포인핸드 _ 109 | 넥타이 매듭의 제한 _ 110 | 과제 _ 116

5 광속암기 : 숫자 암기법

암기기술 _ 125 | 숫자 대신 상징 _ 128 | 기억술-메이저시스템 _ 131 | 기억술-장소법 _ 137 | 과제 _ 139

6 계산-전문가용 : 트라첸버그 시스템

스피드 덧셈 _ 147 | 11 곱하기 _ 151 | 12 곱하기 _ 155 | 6 곱하기 _ 156 | 7 곱하기 _ 158 | 5 곱하기 _ 160 | 9 곱하기 _ 162 | 8 곱하기 _ 164 | 4 곱하기 _ 165 | 3 곱하기 _ 167 | 교차 곱셈 _ 170 | 트라첸버그 시스템, 어디에 사용할 수 있을까? _ 172 | 과제 _ 174

7 수학마법 : 숫자와 출생연도의 마술

1의 자릿수 방법 _ 181 | 세계챔피언처럼 계산하기 _ 184 | 1924년 3월 15일은 월요일이었을까? _ 185 | 피보나치 수 _ 190 | 수의 예언 _ 193 | 반사 수의 계산 _ 195 | 출생연도 계산 _ 197 | 나이 알아맞히기 _ 200 | 빠진 숫자 알아맞히기 _ 201 | 과제 _ 204

8 교환과 나눔 : 체계적인 수집

주사위 던지기 유추해석 _ 210 | 마지막 남은 한 장이 가장 비싸다 _ 212 | 형제 수집 방법 _ 216 | 100유로 이하로 앨범 채우기 _ 219 | 파니니의 트릭? _ 220 | 통계학이 폭로하는 것 _ 222 | 과제 _ 225

9 황홀한 매혹 : 주사위, 카드, 종이를 이용한 마술

주사위 마술 _ 232 | 주사위 탑 _ 232 | 주사위 숫자 맞히기 _ 235 | 환상의 도미노 _ 236 | 도미노 패 옮기기 _ 238 | 50유로 지폐의 일련번호 맞히기 _ 239 | 동전의 비밀 _ 241 | 스물한 장에서 한 장 찾아내기 _ 244 | 뒤죽박죽 섞인 카드 한 번에 정리하기 _ 247 | 9의 배수 카드 마술 _ 249 | 진짜 마술사 되기 _ 251 | 과제 _ 255

오각형 증명 258

해답 263

용어사전 290

우리는 학교에서 구구단을 배운다. 그리고 덧셈과 곱셈도. 그러나 숫자와 씨름하는 수고를 덜기 위해 인류가 수천 년 동안 발달시킨 놀라운 계산요령들은 애석하게도 교과서 어디에도 없다.

1 언제나 플러스 계산트릭과 숫자기술

솔직히 말하면, 나는 이 장을 쓸 생각이 없었다. 1장은 숫자 계산에 관한 내용으로, 내가 생각하는 수학과는 거리가 멀기 때문이다. 내 생각에, 숫자 더미와의 고군분투에는 창의적 요소가 없다.

그럼에도 나는 이 책을 숫자 계산에 관한 장으로 시작한다. 그리고 그럴만한 충분한 이유가 있다. 숫자 계산에서도 지성을 발휘할 수 있고 그럼으로써 우아하게 문제를 풀 수 있다. 특별한 기술은 필요 없다. 그저 숫자들만 잘 보면 된다.

예를 들어 19×19를 보자. 당신은 어떨지 모르지만, 나는 본능적으로 계산기를 찾는다. 그러나 암산으로 쉽고 간단하게 계산하는 놀라운 방법이 있다. 앞의 19에 1을 더해 20을 만들고 뒤의 19에서 1을 빼 18을 만든다. 그런 다음 20×18을 계산한다. 어렵지 않게 360이라는 답을 얻을 수 있다. 여기에 1×1=1을 더하면 최종 결과로 361을 얻게 된다.

수식으로 정리하면 다음과 같다.

$$\begin{aligned} 19\times19 &= (19+1)\times(19-1)+1\times1 \\ &= 20\times18+1 \\ &= 360+1 \\ &= 361 \end{aligned}$$

이 요령은 22×22에도 똑같이 적용된다.

$$
\begin{aligned}
22\times22&=(22+2)\times(22-2)+2\times2\\
&=24\times20+4\\
&=480+4\\
&=484
\end{aligned}
$$

이미 알고 있는 방법일 수 있지만, 여기에는 이항정리와 끝자리가 0으로 끝나는 숫자 찾기 등의 다양한 방법들이 응용되었다. 앞으로 이런 식의 요령들을 여럿 만나게 될 것이고, 그런 요령이 어떻게 가능한지도 이해하게 될 것이다.

이 장을 쓰는 데 인터넷은 큰 도움이 되지 못했다. 나는 인터넷 대신 도서관을 뒤져야 했다. 계산요령을 다루는 책은 두 권을 제외하고 모두가 1950년대 혹은 1960년대 이전에 출간된 것들이었다.

그리 놀라운 일이 아닌데, 계산기가 없었던 시절에는 암산과 수기로 하는 계산이 너무나 평범하고 당연했다. 복잡한 계산은 버거운 도전과제였고 당연히 실수의 위험도 컸다. 그래서 계산을 단순하게 하는 모든 요령이 환영을 받았다.

기발한 요령들이 그렇게 많다는 사실에 나는 여전히 감탄한다. 같은 문제를 우아하면서도 간단하게 푸는 요령들이 여러 개다. 이런 요령들이 학교에서 거의 다뤄지지 않는다는 것이 참으로 안타깝다. 이런 요령들은, 수학이 지루한 과목이 아니라 흥미진진한 모험 여행이라는 것을 학생들에게 보여주기 때문이다.

●10으로 묶기

연산은 기본적으로 여러 단계를 거친다. 대부분 어느 단계에서 시작해서 어느 단계에서 끝내느냐는 그리 중요하지 않은데, 계산을 아주 간단하게 만들 가능성이 여기서 열린다. 10으로 묶기가 좋은 예다.

간단한 덧셈을 예로 들어보자.

7+2+5+13+8

적힌 순서대로 더해도 상관없지만, 숫자들을 자세히 보면 2와 8 그리고 7과 13을 묶으면 멋지게 10과 20이 된다는 것을 금세 알 수 있다. 이제 여기에 5만 더하면 35가 되고 그걸로 계산이 끝난다. 숫자들이 너무 많아 어느 숫자를 더했고 어느 숫자를 아직 더하지 않았는지 한눈에 보기 어려울 때가 아니라면, 이 방법은 언제나 효과만점이다.

10의 배수로 딱 떨어지는 계산은 쉽다. 숫자를 영리하게 재배열함으로써 곱셈에도 이 방법을 활용할 수 있다.

46×35

숫자를 재배열하면 암산으로 쉽게 계산할 수 있다. 46은 2의 배수이고 35는 5의 배수이다. 그리고 2×5는 10이다. 이것을 수식

으로 쓰면,

$46\times35=23\times2\times5\times7$

$=23\times7\times10$

23×7은 암산으로 $140+21=161$임을 알 수 있다.

$46\times35=1610$

재배열 단계를 거치지 않고 더 간단하게 답을 적을 수 있는 사람도 있다.

$46\times35=23\times70$

어린 가우스도 영리하게 숫자를 재배열하는 방법으로 주목받았다. 선생님이 1부터 100까지를 모두 더하라는 과제를 주었다.

$1+2+3+4+5+\cdots+97+98+99+100$

7살의 가우스는 더해서 101이 되는 숫자들을 짝지어 배열했다.

$(1+100)+(2+99)+(3+98)+\cdots(50+51)$

가우스는 101로 묶기를 사용한 것이다. 어린 수학천재는 50×101만 계산하면 되었고 정답인 5050을 쉽게 얻을 수 있었다.

●5를 곱하는 계산

이제 일상에서 늘 만나는 간단한 곱셈으로 가보자.

74×5=?

당신이 계산기에 숫자를 입력하는 동안 나는 벌써 답을 말할 수 있다.

370

무슨 요령이었을까? 역시 10을 이용했다. 어떤 수에 5를 곱하는 것은 그 수의 절반에 10을 곱하는 것과 같다. 그러니까 $\frac{1}{2}\times10$을 곱하는 셈이다. 곱해야 할 수가 짝수이면 아주 간단하게 계산을 끝낼 수 있다. 수를 반으로 나눈 후 끝에 0만 붙이면 된다.

34×5=17×10=170

46×5=23×10=230

돈 계산에도 사용할 수 있다.

34.98€×5=17.49€×10=174.90€

그렇다면 홀수인 27×5의 경우는 어떨까?

27을 반으로 나누면 13에 1이 남는다. 이럴 경우 나는 끝에 0 대신 5를 붙인다. 반으로 나누었을 때 나머지가 있으면, 언제나 이런 식으로 계산한다.

27×5=13×10+5=135

45×5=22×10+5=225

●그룹으로 묶어서 보기

두 자릿수, 어쩌면 세 자릿수까지도 암산으로 어렵지 않게 반으로 나눌 수 있다. 하지만 더 큰 수, 가령 34588×5일 경우라면 다섯 자릿수를 반으로 나누기는 만만치 않다. 이럴 땐 쉽게 계산할 수 있는 그룹으로 수를 갈라놓으면 큰 도움이 된다. 숫자 사이에 선을 그어 놓고 그룹별로 각각 5를 곱한다. 다시 말해, 그룹별로 짝수면 반으로 나눈 후 끝에 0을 붙이고 홀수면 반으로 나눈 후 끝에 5를 붙인다.

34588×5의 계산은 다음과 같다.

34 | 58 | 8×5=17 | 29 | 40 = 172940

숫자를 가르는 기준이 무엇인지 벌써 눈치챘을 것이다. 영리한 계산법을 이용하고 싶으면 정확히 볼 줄 알아야 한다. 하나만 더 예를 들어볼까?

249857830583×5=

24 | 98 | 578 | 30 | 58 | 3×5=

12 | 49 | 289 | 15 | 29 | 15=

1249289152915

그룹으로 나뉜 수들이 짝수일수록 계산이 편하다. 그래서 나는 가능한 한 짝수가 되도록 그룹을 나눈다.

그렇지만 홀수 네 개가 연달아 나올 경우도 있기 마련이다. 그러면 계산이 약간 어려워지겠지만 그럼에도 요령은 통한다. 249857330583에 5를 곱해보자. 앞에서 예로 들었던 수에서는 일곱 번째 숫자가 8이었던 반면 여기서는 3이다. 그래서 세 번째와 네 번째 그룹이 578과 30이었던 앞의 계산과 달리 여기서는 57과 330이 된다. 57을 반으로 나누면 28에 1이 남는다. 그러므로 5를 오른쪽 그룹으로 보내야만 한다. 그곳에는 330을 반으로 나눈 165가 있지만, 왼쪽 그룹에서 넘어온 5를 맨 왼쪽 숫자에 더해야 한다. 그래서 165는 665가 된다.

249857330583×5=

24 | 98 | 57 | 330 | 58 | 3×5=

12 | 49 | 28+나머지1 | 165 | 29 | 15=

12 | 49 | 28 | (5+1)65 | 29 | 15=

1249286652915

그룹으로 묶기는 5를 곱하는 계산뿐 아니라 다른 한 자릿수 곱셈에서도 통한다.

523×3=5 | 23×3=15 | 69=1569

816×6=8 | 16×6=48 | 96=4896

911×8=9 | 11×8=72 | 88=7288

맨 오른쪽 숫자 둘을 묶은 그룹이 곱셈 후에 세 자릿수가 되면, 계산이 약간 까다로워진다. 예를 들어 523×8에서 맨 오른쪽의 23에 8을 곱하면 184라는 세 자릿수가 된다. 그러면 84는 맨 오른쪽의 결과로 남고 1은 왼쪽 그룹의 결과에 더해져야 한다.

523×8=5 | 23×8=40 | 184

=4(0+1) | 84

=4184

●9, 18, 27을 곱하는 계산

9를 곱하는 계산은 아주 간단하다. 9 대신 10을 곱한 후 최종 결과에서 10분의 1을 뺀다.

53×9=530-53=477

9의 배수인 18이나 27을 곱하는 계산에서는 20이나 30을 곱한 후 최종 결과에서 10분의 1을 뺀다. 2와 3이 20과 30의 10분의 1이므로.

53×18=1060-106=954

53×27=1590-159=1431

●25를 곱하는 계산

어떤 수에 5를 곱하는 계산에서 우리는 그 수를 2로 나눈 후 10을 곱했다. 25를 곱하는 계산에서는 그 수를 4로 나눈 후 100을 곱한다.

$$16 \times 25 = 16 \times \frac{1}{4} \times 100 = 400$$

84×25=21×100=2100

4로 나누어떨어지는 수가 아닐 경우에는 나머지와 25를 곱한 수를 마지막에 더하면 된다.

17×25=(4, 나머지 1)×100=400+25=425

83×25=(20, 나머지 3)×100=2000+75=2075

더 큰 수에 25를 곱할 때도 멋지게 계산해낼 수 있다.

327×25=(324+3)×25

=81×100+3×25

=8175

65281×25=(16320, 나머지 1)×100

=16320×100+1×25

=1632025

2.5를 곱해야 할 상황이 오더라도 이제 더는 당황할 필요가 없다. 25를 곱할 때처럼 우선 4로 나눈 후, 100 대신 10을 곱하면 된다.

●11을 곱하는 계산

11을 곱하는 계산은 이제 거의 고전이 되었다. 두 자릿수에 11을 곱하는 경우는 특히 더 간단하다.

43×11의 경우 답은 세 자릿수다. 4로 시작해서 3으로 끝난다. 그리고 가운데 숫자는 4와 3의 합, 즉 7이다.

43×11=4(4+3)3=473

두 숫자의 합이 한 자릿수면, 이 요령은 늘 기가 막히게 통한다.

54×11=5(5+4)4=594

81×11=8(8+1)1=891

설령 두 숫자의 합이 두 자릿수라도, 크게 어려워지진 않는다. 그럴 땐 세 자릿수의 맨 왼쪽 숫자(항상 1이다)를 최종 결과의 맨 왼쪽 숫자에 더한다.

68×11=6(6+8)8=6(14)8=(6+1)48=748

그러나 애석하게도 항상 두 자릿수에 11을 곱하는 계산만 있는 게 아니다. 그렇더라도 크게 문제가 될 건 없다. 세 자릿수든 그보다 더 많든 상관없다. 고전적인 계산법을 쓰면 두 수를 아래로 나란히 적되 둘째 줄을 왼쪽으로 한 칸씩 밀려 적은 후 줄 맞춰 더한다.

368345×11

368345

+368345

=4051795

그러나 우리는 한 줄로 계산을 끝낼 수 있다. 고전적인 계산법보다 빠른 것은 물론이고 조금만 연습하면 계산기보다 빠를 수 있다.

계산 방법은 다음과 같다. 수의 맨 왼쪽에 0을 추가하고 매 숫자 밑에 그 숫자와 오른쪽 이웃을 더한 값을 적는다. 맨 오른쪽 숫자 5는 오른쪽 이웃이 없으므로 그 밑에 그냥 5를 적는다.

0368345×11
      5

4 밑에는 4+5=9이므로 9를 적는다.

0368345×11
     95

3 밑에는 3+4=7.

0368345×11
795

8 아래에 올 수는 8+3=11이므로 1을 왼쪽으로 올리고 1만 적는다.

0368345×11
[1]1795

6 밑에는 6+8+1(오른쪽에서 올라온 수)=15에서 5만 적고 1은 다시 왼쪽으로 올린다. 3 밑에는 3+6+1=10에서 0만 적고 1을 다시 왼쪽으로 올리고, 마지막으로 0+3+1=4를 0 밑에 적는다.

0368345×11
4051795

●12를 곱하는 계산

11에 썼던 요령을 살짝만 바꾸면 12에도 사용할 수 있다. 11을 곱할 때는 매 숫자 밑에 그 숫자와 오른쪽 이웃의 합을 적었다면, 12에서는 그 숫자에 2를 곱한 후 오른쪽 이웃을 더한다. 앞에서 사용했던 368345에 12를 곱해보자. 5의 오른쪽에는 아무 숫자도 없으므로 밑에는 5×2=10에서 0만 적고 1을 왼쪽으로 올린다.

0368345×12
$^{1}0$

그다음 4 밑에는 4×2+5+1(오른쪽에서 올라온 수)=14에서 4를 적고 1을 다시 왼쪽으로 올린다.

0368345×12
$^{1}40$

계속해서 3×2+4+1=11.

0368345×12
$^{1}140$

그다음엔 8×2+3+1=20.

0368345×12
$^{2}0140$

6×2+8+2=22이므로 6 밑에 2를 적고 2를 왼쪽으로 올린다.

0368345×12
$^{2}20140$

그리고 3×2+6+2=14이므로 3 밑에 4를 적고 1을 왼쪽으로 올린다.

0368345×12
[1]420140

마지막으로 맨 왼쪽에는 0×2+3+1=4. 이것으로 12를 곱하는 계산이 끝났다.

0368345×12
4420140

6장의 트라첸버그 시스템에서도 8이나 7을 곱하는 비슷한 요령을 재미있게 배울 수 있을 것이다.

●15를 곱하는 계산

15를 곱한다고 생각하면 어려울 것 같지만, 15를 10+5로 생각하면 아주 간단해진다. 5를 곱하는 계산은 앞에서 배웠듯이 반으로 나누어 10을 곱하면 된다. 그러므로 15를 곱하는 계산은 원래 수와 그 수의 절반을 합한 후 10을 곱한다.

$34 \times 15 = (34+17) \times 10 = 51 \times 10 = 510$

$436 \times 15 = (436+218) \times 10 = 654 \times 10 = 6540$

만약 홀수라면, 원래 수와 그 수의 절반을 합한 값에 0 대신 5를 붙인다.

$437 \times 15 = (437+218) \times 10 + 5 = 655 \times 10 + 5 = 6555$

15를 곱하는 계산을 더 쉽게 할 수 있는 다른 요령이 있다. 곱해야 할 수가 짝수면 반으로 나눈 후 30을 곱한다.

$16 \times 15 = 8 \times 30 = 240$

만약 곱해야 할 수가 홀수면 반으로 나눈 후 30을 곱한 값에 15를 더한다.

$19 \times 15 = 9 \times 30 + 15 = 285$

위의 문제는 다른 방법으로도 풀 수 있는데, 19 대신 20에 15를 곱한 후 다시 15를 빼면 된다.

$19 \times 15 = 20 \times 15 - 15 = 300 - 15 = 285$

이처럼 계산을 우아하게 줄이는 방법은 다양하다. 어떤 방법을 택할지는 각자의 취향에 달렸다. 그러나 이런 요령을 많이 알수록 보다 창의적으로 계산할 수 있다.

●제곱과 세제곱

지금부터 제곱수를 구하는 요령을 배울 예정이다. 1장을 시작하면서 예로 들었던 수식을 기억하는가?

$$
\begin{aligned}
19\times19&=(19+1)\times(19-1)+1\times1\\
&=20\times18+1\\
&=361
\end{aligned}
$$

이런 방식으로 모든 두 자릿수의 제곱수를 암산으로 알 수 있다.

$$
\begin{aligned}
85\times85&=(85+5)\times(85-5)+5\times5\\
&=90\times80+25\\
&=7225
\end{aligned}
$$

$$
\begin{aligned}
27\times27&=(27+3)\times(27-3)+3\times3\\
&=30\times24+9\\
&=729
\end{aligned}
$$

물론 계산기를 사용하면 85×85의 답을 금세 알 수 있다. 하지만 요령으로 푸는 것이 훨씬 재미있을 뿐만 아니라 당신이 암산으로 계산기와 똑같은 답을 내놓으면 친구나 동료들의 눈이 휘둥그레질 것이다!

앞에서 이미 언급했듯이, 이 요령은 '이항정리'를 응용한 것이다.

$$a^2-b^2=(a+b)\times(a-b)$$

이 수식에서 b^2을 오른쪽 변으로 이항하면, 위에서 설명한 요령과 똑같은 결과가 나온다.

$$a^2=(a+b)\times(a-b)+b^2$$

이 요령의 원리는 b를 더하거나 빼서 10의 배수를 만듦으로써 계산을 쉽게 만드는 것이다.

이론적으로 이 요령은 세 자릿수 혹은 네 자릿수에도 쓸 수 있다. 하지만 계산하기 쉬운 10의 배수를 만들기 위해 더하거나 빼야 하는 b가 너무 큰 수면 곤란하다. 어쨌든 b^2 계산은 직접 해야 하므로 b가 너무 큰 수면 오히려 계산이 복잡해질 수 있다. 다음의 예는 다행히 그다지 어려워 보이지 않는다.

$$\begin{aligned}391\times391&=(391+9)\times(391-9)+9\times9\\&=400\times382+81\\&=400\times(400-20+2)+81\\&=160000-8000+800+81\\&=152881\end{aligned}$$

그러나 $667\times667=700\times634\times33^2$처럼 손대기조차 버거워 보이는 계산이라면 차라리 계산기를 두드리는 편이 낫다.

제곱수에서 통하는 요령은 비슷한 방식으로 세제곱수에서도 통한다. 이 요령은 다음의 수식을 기반으로 한다.

$$a^3=(a-b)\times a\times(a+b)+a\times b^2$$

애석하게도 이 계산은 제곱수에서만큼 간단하지는 않다. 두 번 곱하는 게 아니라 세 번 곱하는 것이니 당연하다. 세제곱수에서도 핵심은 더하거나 빼서 계산하기 쉬운 10의 배수를 만드는 것이다.

$$\begin{aligned}13^3&=(13-3)\times13\times(13+3)+13\times3^2\\&=10\times13\times16+13\times9\\&=10\times208+117\\&=2080+117\\&=2197\end{aligned}$$

●5로 끝나는 수

지금까지 배운 요령은 기본적으로 모든 경우에 적용된다. 예를 들면 11, 12, 15를 어떤 수에 곱하든 예외 없이 통한다. 그러나 수는 매우 다양하다. 대부분의 수와는 계산이 어렵지만 어떤 수와는 아주 쉽게 계산이 되는 그런 수도 있다. 그것이 무엇인지 알면 유용하게 이용할 수 있다.

지금부터 소개하려는 요령은 애석하게도 아주 특별한 경우에만 통한다. 그렇더라도 확실히 기발한 요령이기에 반드시 이 장에 포함되어야 한다.

우리는 앞에서 제곱수를 쉽게 계산하기 위해 이항정리를 이용했다. 그런데 만약 5로 끝나는 수의 제곱수를 구하는 계산이라면 이항정리조차 필요 없다. 예를 들어 35×35를 계산한다면, 3과 4(=3+1)를 곱한 값 12를 적고 그 뒤에 5의 제곱수를 추가하면 끝이다!

35×35=(3×4) 25=1225

이것은 세 자릿수에서도 통한다.

115×115=(11×12) 25=13225

이 요령의 원리는 무엇일까? 5로 끝나는 수를 10a+5라고 한다면 이 수의 제곱수는 다음과 같다.

$(a+b)^2=a^2+2ab+b^2$이므로

$(10a+5)^2=100a^2+2\times10a\times5+25$

$=100a^2+100a+25$

$=100a\times(a+1)+25$

마지막 수식과 앞에서 말한 요령이 정확히 일치한다. a와 a+1을 곱한 후 뒤에 25를 붙인다

●10의 자릿수 혹은 1의 자릿수가 같을 때

두 자릿수를 서로 곱할 때 두 수의 10의 자릿수가 일치하고 1의 자릿수를 더하면 10이 되는 계산법은 대단히 매혹적이다. 예를 들어 32×38을 보자. 계산과정은 기본적으로 5로 끝나는 수의 제곱수 계산과 똑같다. 먼저 3과 (3+1)을 곱하여 12를 얻는다. 그다음 2와 8을 곱한 16을 12 뒤에 추가한다.

$32\times38=(3\times4)\ (2\times8)$

$=1216$

예를 하나 더 들면,

61×69=(6×7) (1×9)

=4209

이때 1의 자릿수를 곱한 값은 언제나 두 자릿수여야 한다. 위의 예에서 9는 한 자릿수이므로 올바른 답을 얻으려면 앞에 0을 붙여줘야 한다. 세 자릿수의 곱셈도 같은 방식으로 계산할 수 있다.

123×127=(12×13) (3×7)

=15621

이런 방법을 사용하려면, 10의 자릿수가 같고 1의 자릿수가 더해서 10이 되어야 한다. 그렇다. 분명 아주 특별한 경우다. 그러나 언젠가 이런 곱셈을 만나면, 당신은 우아하게 답을 적을 수 있다.

이번에는 10의 자릿수가 더해서 10이 되고 1의 자릿수가 같은 경우를 보자. 33×73을 예로 들어보자. 계산과정은 다음과 같다. 10의 자릿수 3과 7을 곱한다. 그런 다음 21에 1의 자릿수 3을 더한다. 그 값인 24를 적고 뒤에 1의 자릿수의 제곱수를 두 자릿수로 만들어 추가한다.

33×73=(3×7+3) (3×3)

=2409

예를 하나 더 들면,

44×64=(24+4) (4×4)

=2816

1의 자릿수가 같을 때 혹은 10의 자릿수가 같을 때, 이런 트릭이 통하는 까닭은 무엇일까? 뒤에 나오는 과제 3과 과제 4를 통해 직접 찾아보기 바란다. 과제의 해답은 책 뒷부분에 있다.

●100에 가까운 수

102×107에 쓸 수 있는 기발한 계산법이 있다. 사실 계산할 필요조차 없다. 이 계산법을 사용하려면, 두 수가 100에 가까운 수여야 한다. 그러면 다음과 같은 방법으로 답을 구할 수 있다. 첫 번째 수+(두 번째 수-100)을 계산한다. 102+7=109. 그다음 1의 자릿수를 곱한 값(2×7=14)을 앞에서 얻은 결과 109 뒤에 추가하면 끝!

102×107=(102+7) (2×7)

=10914

108×109=(108+9) (8×9)

=11772

두 수가 100보다 살짝 작은 수일 때도 이와 비슷한 방식으로 계산할 수 있다.

98×96을 예로 들어보자. 먼저 첫 번째 수-(100-두 번째 수)를 계산한다. 98-4=94. 그다음 (100-98)×(100-96), 즉 100이 되기에 모자란 만큼을 서로 곱한 뒤(2×4=08) 앞에서 얻은 결과 94 뒤에 추가한다.

98×96=(98-4) (2×4)
=9408

91×97=(91-3) (9×3)
=8827

● 쌍둥이 수에 9를 곱하는 계산

마지막으로 쌍둥이 수와 관련된 간단한 트릭을 소개하고자 한다. 쌍둥이 수란 33 혹은 222처럼 같은 숫자로만 된 수를 말한다. 이 트릭이면 쌍둥이 수에 9를 곱하는 계산은 식은 죽 먹기다.

예를 들어 8888×9를 계산해보자. 맨 오른쪽의 8을 취해 9와 곱한다. 결과는 72이다. 이제 남아 있는 8의 개수만큼 7과 2 사이에 9를 적어 넣으면 된다. 맨 오른쪽 8을 제외하면 세 개가 남았으므로 7과 2 사이에 9를 세 개 넣으면 된다. 계산 끝!

8888×9=7 | 999 | 2

=79992

666666666×9=5 | 9 여덟 개 | 4

=5 | 99999999 | 4

=5999999994

이 트릭이 모든 쌍둥이 수에 통하는 까닭은 과제 5를 풀면서 직접 알아내기 바란다.

휴~. 수 이야기를 너무 길게 한 게 아닌가 싶다. 계산을 쉽게 만드는 기발한 요령들이 얼마나 많은지 여러분도 나처럼 감탄했길 바란다. 핵심은 언제나 계산을 시작하기 전 수들을 자세히 살피는 것이다. 먼저 생각하고, 그다음 계산하기.

더 많은 요령을 배우고 싶으면 6장을 기대하라. 교차 곱셈과 트라첸버그 계산법을 배울 수 있다.

한쪽 뇌세포만 너무 고생시키면 안 되니, 다음 장에서는 매력적인 기하학에 빠져보자.

과제

과제 1

어떤 자연수 네 개의 합이 홀수일 때, 이 네 자연수의 곱이 짝수임을 증명하라.

과제 2

카린은 초콜릿을 일곱 개 가지고 있다. 화이트 초콜릿 네 개, 다크 초콜릿 두 개 그리고 크런치 초콜릿 한 개. 카린은 세 개를 친구에게 주고 네 개를 자기가 갖고 싶다. 경우의 수를 구하라.

과제 3

두 자릿수의 곱셈에서, 10의 자릿수가 같고 1의 자릿수가 더해서 10이 될 때, 우리는 10의 자릿수×(10의 자릿수+1)을 구한 뒤 그 값의 뒤에 1의 자릿수를 곱한 값을 붙인다. 이 계산 트릭이 어떻게 가능한지 증명하라.

과제 4

두 자릿수의 곱셈에서, 10의 자릿수가 더해서 10이 되고 1의 자릿수가 같을 때, 우리는 10의 자릿수를 곱한 값에 1의 자릿수를 더하고, 그 결과 뒤에 1의 자릿수의 제곱수를 두 자릿수로 만들어 추가한다. 이 계산 트릭이 어떻게 가능한지 증명하라.

과제 5

쌍둥이 수에 9를 곱할 때 쓰는 다음의 트릭이 어떻게 가능한지 증명하라.

8888×9=7 | 999 | 2

=79992

달걀이나 정오각형 그리기. 공평하게 피자 삼등분하기.
기하학은 가장 아름다운 수학이다. 기하학을 잘 알면, 생일파티도 걱정 없다.

2 기하학
완벽한 모양과 공평한 나눔

부활절 며칠 전, 수학 블로그에 아주 흥미로운 주제가 등장했다. 그때까지 한 번도 생각해보지 않았던 새로운 기하학 주제였다. 달걀 그리는 방법! 컴퍼스만 있으면 될까? 아니면 타원을 그릴 때처럼 실이 필요할까? 달걀은 어떤 모양일까?

달걀 : 구와 타원체의 혼합?

달걀들을 찬찬히 살펴보면 모양이 제각각이라는 걸 금세 알게 된다. 어떤 건 길쭉하고 또 어떤 건 거의 공처럼 동그랗다. 그러나 평면도에서만큼은 공통점이 있다. 바로 대칭축이 하나뿐이란 점이다. 길게 관통하는 중심축을 기준으로 대칭을 이룬다. 원을 양쪽으로 잡아당긴 것 같은 타원과 달걀의 차이가 바로 이것이다. 타원은 대칭축이 두 개다.

달걀의 평퍼짐한 아랫부분은 거의 공을 닮았고 뾰족한 윗부분은 타원체를 닮았다. 이것을 바탕으로 달걀을 그려보자. 우선 타원을 그린 다음 절반을 지우고 그 자리에 반원을 그려 넣는다.

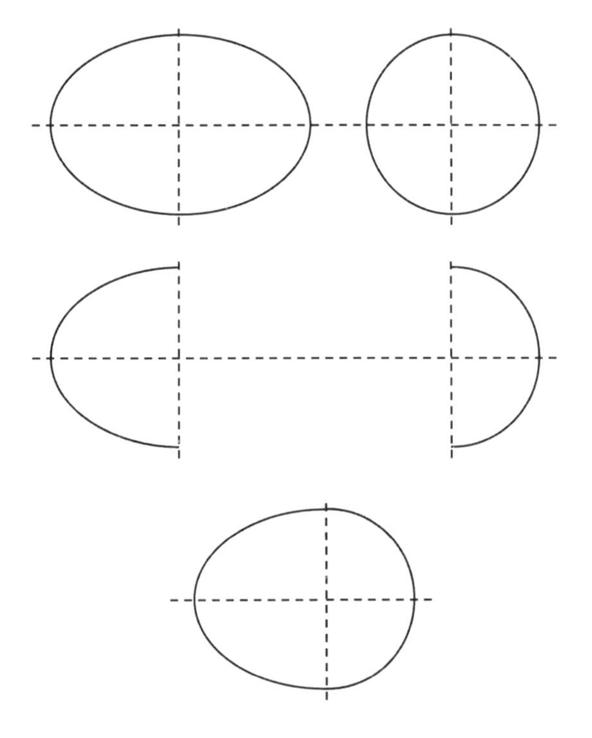

타원과 원을 반반씩 합치면 달걀이 된다.

●타원 그리기

타원 그리는 법을 이미 알고 있을 테지만, 그래도 차근차근 같이 그려보자. 압정 두 개를 종이 위에 나란히 꽂는다(책상에 압정 자국이 남지 않도록 두꺼운 보드지를 종이 아래 댄다.). 굵은 실로 고리를 만드는데, 고리의 크기는 두 압정에 걸어야 하므로 압정 간격보다 크되 너무 크지는 않게 한다. 고리가 너무 크면 타원이 아니라 원에 가까운 모양이 그려진다.

이제 연필로 고리를 팽팽하게 잡아당겨 삼각형 모양이 되게 한다. 연필을 움직여 두 압정 둘레를 천천히 한 바퀴 돈다. 이때 실이 느슨해지지 않도록 주의한다. 압정을 한 바퀴 돌고 나면 타원이 완성된다. 이 방법은 '정원사 작도법'이라 불리는데, 르네상스 시대에 정원사들이 타원형의 꽃밭을 만들 때 사용했기 때문이다.

타원이란, 평면 위의 두 정점으로부터의 거리의 합이 일정한 점의 집합으로 만들어진 도형이다. 우리가 그린 타원의 경우 압정을 꽂은 자리가 두 정점이다. 우리가 그린 도형이 타원임을 증명하는 건 어렵지 않다. 우리가 사용한 작도법 자체가 증명이다. 연필로 잡아당긴 고리의 길이는 언제나 일정하니까.

나는 타원과 원을 반반씩 합친 달걀이 썩 마음에 들지 않는다.

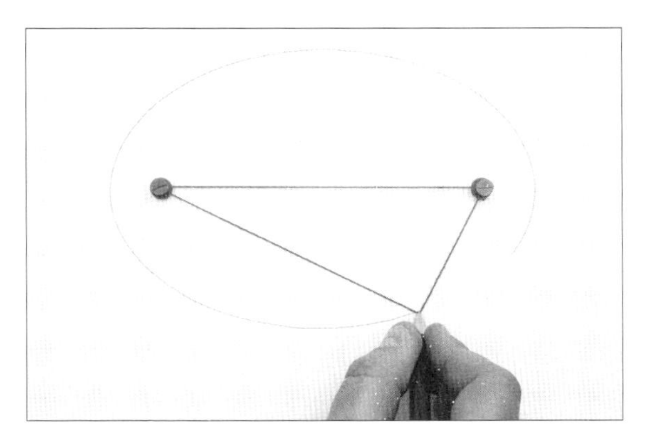

정원사의 타원 작도법

달걀을 그리는 더 좋은 방법이 있다. 그것은 타원 작도법과 매우 흡사하다. 마찬가지로 실, 연필 그리고 압정이 필요한데, 이번에는 두 개가 아니라 세 개가 필요하다.

원한다면 직접 이런저런 다양한 방식을 시도해봐도 좋다. 세 개의 압정을 이등변삼각형이 되도록 꽂은 뒤 고리를 걸고 연필로 고리를 팽팽하게 잡아당겨 압정 둘레를 한 바퀴 돌리면 어떤 모양이 그려질까? 직접 한번 그려보라!

세 압정이 이등변삼각형을 그리고 여기에 건 실 고리의 여분이 비교적 적을 때 전형적인 달걀 모양이 생긴다. 이등변삼각형의 꼭짓점 주위에 반지름이 짧은 호가 생기는데 이 부분이 달걀의 뾰족한 부분이다. 밑변 주위에는 반지름이 확실히 긴 호가 생긴다. 짜잔! 달걀 완성! 돌아오는 부활절엔 달걀 모양의 카드를 만들어보면 어떨까?

●n각형 그리기

이제 다각형을 그려보자. 펜타곤이라고도 불리는 정오각형을 그려본 적이 있는가? 각도기나 제도용 삼각자 없이 정오각형을 그리기는 쉽지 않다. 그러나 어쨌든 그릴 수 있고 그 방법을 이제부터 설명하려 한다.

복잡한 정오각형을 그리기 전에 먼저 직각 그리기, 각을 반으로 나누기, 정육각형 그리기, 정팔각형 그리기 같은 비교적 간단한 작도법부터 알아보자. 직각을 그리는 데는 연필과 자 그리고 컴퍼스만 있으면 된다. 가장 빠른 방법은 다음과 같다.

직선을 하나 그린 뒤 그 위에 점 두 개를 찍는다. 그런 다음 컴퍼스를 두 점의 간격과 비슷하게 벌린 후 한 점을 중심으로 직선 위아래로 호를 그린다. 컴퍼스의 간격을 바꾸지 말고 그대로 다른 점을 중심으로 다시 직선 위아래로 호를 그린다. 그러면 직선 위와 아래에 두 호가 만나는 교점 두 개가 생긴다. 자를 이용해 이 두 교점을 잇는 직선을 그린다. 먼저 그린 직선과 두 교점을 잇는 직선은 정확히 직각으로 교차한다.

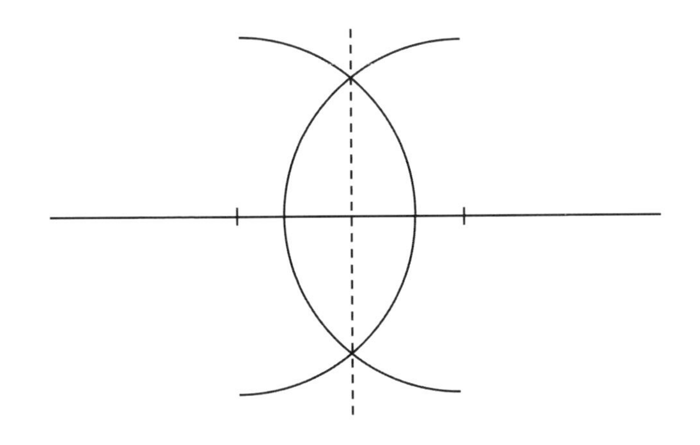

컴퍼스와 자를 이용해 직각 그리기

각을 반으로 나누는 방법은 직각을 그리는 방법과 매우 유사하다. 컴퍼스를 적당히 벌린 후 꼭짓점을 중심으로 각 변에 같은 간격으로 표시한다. 각 변에 표시된 두 점의 간격과 비슷하게 컴퍼

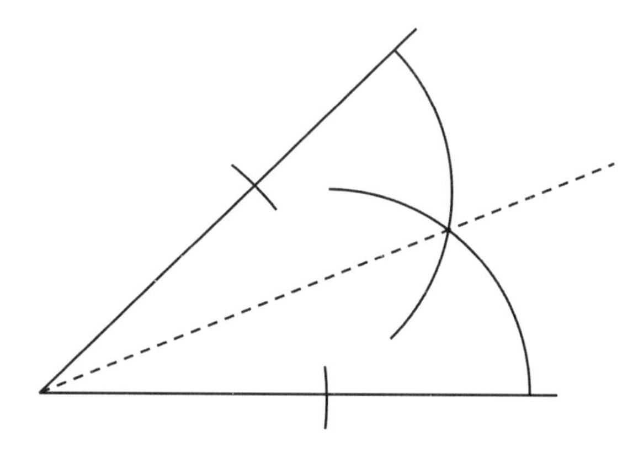

컴퍼스와 자를 이용해 각을 반으로 나누기

스를 벌린 후 각 변에 표시된 점을 중심으로 위 그림에서처럼 각각 호를 그린다. 마지막으로 두 호의 교점과 꼭짓점을 잇는 직선을 그리면 이 직선이 각을 정확히 반으로 나눈다.

각을 반으로 나누는 방법을 알면, 정팔각형은 물론이고 정십육각형이나 정삼십이각형도 자와 컴퍼스만으로 문제없이 그릴 수 있다. 생일파티에서 케이크나 피자를 나눠야 할 때, 요긴하게 사용할 수 있다. 다섯 살짜리 아이들은 360도를 16으로 나눌 수는 없지만, 피자나 케이크 한쪽이 다른 것보다 아주 조금만 커도 금세 알아차린다.

생일케이크에 컴퍼스와 자를 직접 대는 것은 당연히 좋은 생각이 아니다. 종이로 본을 떠서 사용할 것을 권한다. 종이에 그려 가위로 오린 본의 도움을 받으면 케이크나 피자를 원하는 크기로 똑

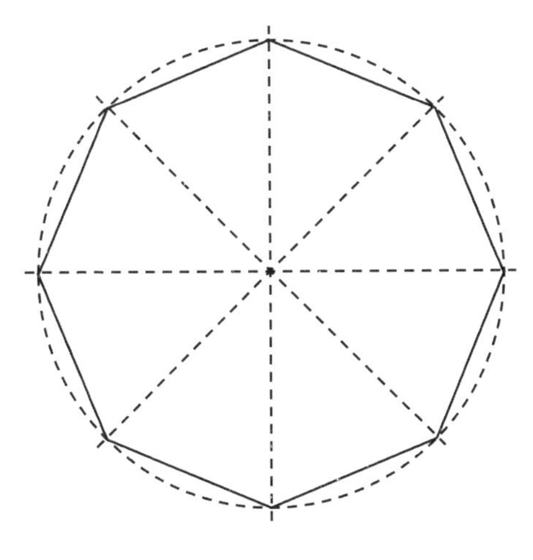

원에서 정팔각형으로

같이 나눌 수 있다. 이 모든 과정이 번거로워 보일 수도 있겠지만, 당신이 종이에 도형을 그리는 순간 아이들의 눈은 감탄과 놀람으로 휘둥그레질 것이다!

자, 그럼 여덟 조각으로 나눠보자. 어떻게 하면 원을 정확히 8등분 할 수 있을까? 원의 중심점에서 직각으로 만나는 두 직선을 그린다. 두 직선은 원의 지름과 일치하고 네 개의 직각을 만든다. 앞에서 설명한 방법으로 이 네 직각을 각각 반으로 나누면 똑같이 45도인 각이 여덟 개 생긴다. 이 각의 양변이 원둘레와 만나는 점 여덟 개를 연결하면 우리가 찾던 정팔각형이 된다.

●여섯 조각으로 피자 나누기

여덟 개의 각을 다시 반으로 나누면 십육각형이 되고 다시 반으로 나누면 삼십이각형이 된다. 별로 어렵지 않은 일이다. 그러나 여섯 조각으로 나눠야 한다면 어떻게 해야 할까?

그러려면 정육각형을 그려야 한다. 앞에서 설명한 방법으로는 정육각형을 그릴 수가 없다. 직각으로 나누는 게 아니라 삼등분을 해야 하기 때문이다. 컴퍼스와 자만 가지고는 원하는 각을 맘대로 그릴 수가 없다. 이것은 이미 수학자들이 증명을 끝낸 사실이다.

그렇더라도 정육각형의 특징을 잘만 이용하면 정육각형을 그릴 수 있다. 정육각형은 정삼각형 여섯 개를 모아놓은 형태다. 아래의 그림을 보라.

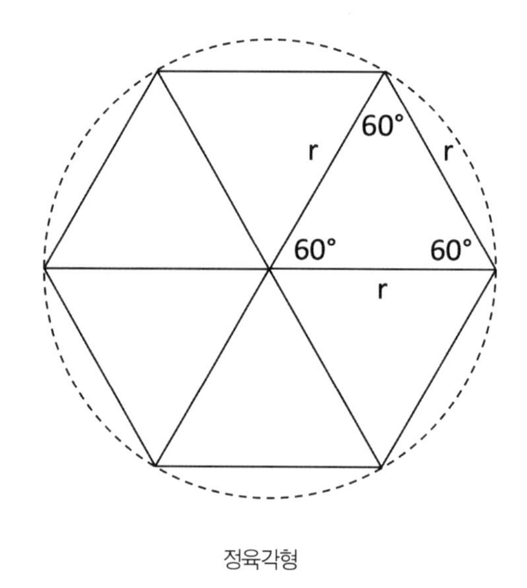

정육각형

정육각형의 테두리를 보면, 원의 반지름 r과 정삼각형의 변의 길이가 정확히 일치한다. 그러므로 정육각형의 이웃한 두 꼭짓점의 간격은 원의 반지름 r과 같다.

정육각형을 그리려면 우선 원을 하나 그리고 원의 반지름만큼 컴퍼스만 벌리면 끝이다. 다시 말해, 반지름에 맞춰 벌린 컴퍼스를 원둘레 아무 데다 꽂고 원둘레 위에 양쪽으로 하나씩 점을 찍는다. 이 점에 다시 컴퍼스를 꽂고 조금 전과 똑같이 점을 찍다 보면 총 여섯 개의 점이 생긴다.

피자를 여섯 조각으로 나눌 수 있으면 12조각이나 24조각으로 나누는 일은 어렵지 않다. 6 등분 한 조각을 각각 반으로 나누면 12조각이 되고, 다시 반으로 나누면 24조각이 된다. 그리고 각을 반으로 나누는 일은 앞에서 보았듯이 누워서 떡 먹기다.

정육각형과 정팔각형을 그리는 방법만으로는 아직 성공적인 생일파티를 보장할 수 없다. 아이가 다섯 명일 수도 있고 혹은 일곱 명이나 아홉 명일 수도 있지 않겠는가. 그렇게 되면 피자를 똑같이 나누는 일은 본격적인 기하학 과제가 된다.

● 정오각형

수학자들은 컴퍼스와 자만으로 작도가 가능한 다각형을 찾아내려 고심했다. 18세기 말에 카를 프리드리히 가우스가 십칠각형이 가능하다는 것을 이미 증명했다. 또한, 컴퍼스와 자만으로는 작도할 수 없다는 것이 증명된 정다각형도 있다. 예를 들어 칠각형, 구각형, 십일각형은 각도기가 있어야만 가능하다. 360도를 원하는 각의 수로 나눈 후 각도기를 이용해야 한다.

그러나 최소한 정오각형만큼은 컴퍼스와 자만 있으면 된다. 펜타곤 작도는 그리 어렵지 않지만, 작도한 도형이 정말 정오각형인지 증명하는 일은 상당히 복잡하다.

작도부터 시작해보자. 출발은 원이다. 원의 중심점을 직각으로 교차하는 두 지름을 그린다. 그런 다음 가로 지름의 왼쪽 반지름, 즉 아래 그림에서 선분 AM의 중간 점 D를 표시한다. 컴퍼스를 점 D에 꽂고 선분 DB 만큼 벌린다.

점 D를 중심으로 호를 그리면 가로 지름의 오른쪽 반지름에 점 E가 생긴다. 선분 BE는 D를 중심으로 하는 원 안에 그려질 정오각형의 한 변의 길이와 일치한다. 컴퍼스를 B에 꽂고 선분 BE를

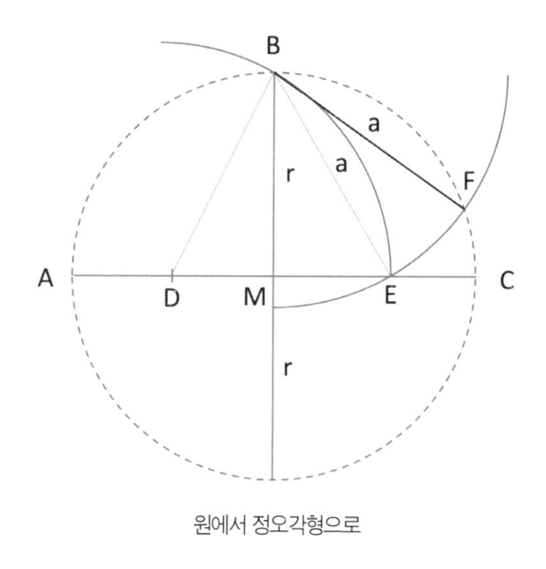

원에서 정오각형으로

반지름으로 하는 호를 그리면 맨 처음 그린 원과 만나는 점 F를 얻는다.

우리가 그리려는 정오각형의 한 변이 선분 BF다. 나머지 세 점은 쉽게 그릴 수 있는데, 컴퍼스를 선분 BF 만큼 벌려 원 둘레를 따라 표시만 하면 된다.

이제 이렇게 그려진 오각형이 정말 정오각형인지 증명하고자 한다. 그러나 증명 과정이 너무 길어서 앞부분만 간단히 소개하고 나머지는 부록에 따로 정리했다. 증명에 관심이 없으면 이 부분은 그냥 건너뛰어도 괜찮다.

오각형의 한 변 BF는 원의 반지름보다 얼마나 길까? 선분 AM과 일치하는 원의 반지름을 이제부터 r이라 부르고 오각형의 한 변 BF를 a라고 부르자.

점 D를 중심으로 하는 원의 반지름, 즉 선분 DB와 DE의 길이를 피타고라스 정리로 계산할 수 있다. 계산법은 다음과 같다.

$$DE^2 = DB^2 = MD^2 + MB^2 = \left(\frac{1}{2}r\right)^2 + r^2$$

$$= \frac{5}{4} \times r^2$$

$$DE = \frac{\sqrt{5}}{2}r$$

이제 피타고라스 정리를 이용해 삼각형 BME에서 계산해보자. 선분 BE는 오각형의 한 변의 길이와 일치하고 선분 BM은 반지름 r이다. 선분 ME의 길이는 선분 DE에서 r/2을 뺀 것과 같다. 계산법은 다음과 같다.

$$a^2 = BE^2 = MB^2 + ME^2$$

$$= r^2 + \left(\frac{\sqrt{5}}{2}r - \frac{r}{2}\right)^2$$

$$= r^2\left(1 + \frac{5-2\sqrt{5}+1}{4}\right)$$

$$= r^2\left(\frac{4+6-2\sqrt{5}}{4}\right)$$

$$= r^2\left(\frac{5-\sqrt{5}}{2}\right)$$

오각형의 한 변과 반지름의 이런 관계가 정오각형에서도 적용됨을 증명하는 일이 남았다. 부록의 오각형 증명에서 확인하기 바란다.

정오각형의 증명은 대단히 복잡하다. 계산하다 보면 부호를 잘못 적기 쉽고 루트 계산 하나만 틀려도 계산 전체가 틀려버린다. 그러나 자와 컴퍼스만으로 펜타곤을 그릴 수 있음을 증명하려면, 그런 복잡한 계산을 피해갈 수 없다.

● 작도 대신 접기 : 종이접기

일본의 종이접기기술인 오리가미에 대해 들어봤을 것이다. 별, 학, 공……. 정사각형의 종이만 있으면 이 모든 걸 마술처럼 접을 수 있다. 수학자들도 신기한 종이접기에 관심이 많다. 왜냐하면, 컴퍼스와 자만으로는 그릴 수 없는 기하학 예술품을 종이접기가 만들어낼 수 있기 때문이다. 이렇듯 수학적 동기에서 나온 종이접기를 일컬어 '오리가믹스Origamics'라 부른다. 종이접기의 오리가미와 수학의 매스매틱스를 합친 말이다.

오리가믹스를 소개하면서 이 장을 마무리하고자 한다. 좁고 긴 종이 띠만 있으면 정오각형도 접을 수 있다. 3×4센티미터 폭으로 A4용지를 길게 자르면 된다. 이때 폭이 일정해야 한다.

띠의 한쪽 끝으로 고리를 만들고 다른 쪽 끝을 이 고리 안으로 통과시켜 양쪽으로 잡아당긴다. 쉽게 말해 띠를 묶어 매듭을 만들라는 말이다. 이제 섬세한 손놀림이 필요하다. 조심스럽게 매듭을 점점 더 단단하게 당기면서 구겨진 곳 없이 평평하게 잘 펴야

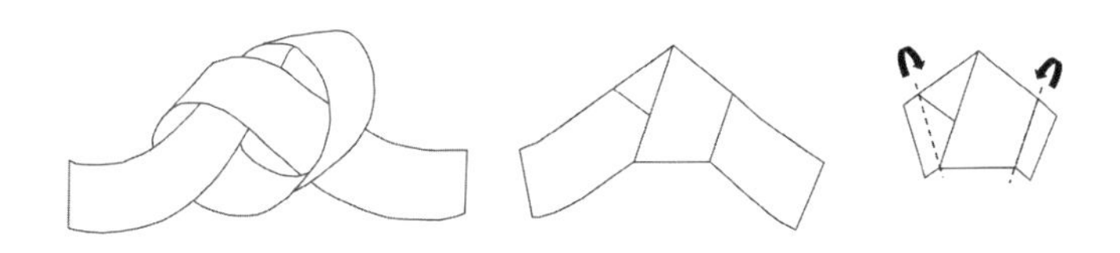

매듭에서 정오각형으로

한다. 조심스러운 손끝에서 정확히 108도인 각이 생겨난다. 정오각형의 한 내각의 크기가 108도다.

오각형의 세 변이 벌써 눈에 보인다. 이제 종이 띠의 남은 부분을 가위로 잘라내고 깔끔하게 뒤로 접으면 정오각형이 탄생한다!

수학에 관심이 있는 사람으로서 나는 이 오각형이 정말로 정오각형인지 궁금하다. 모든 내각이 같은 크기이고 모든 다섯 변이 같은 길이일까? 원한다면 직접 증명해봐도 좋다.

혹은 나의 설명을 따라와도 된다. 애석하게도 증명은 간단하지 않다. 아래의 그림은 종이 매듭으로 만든 오각형인데, 앞의 그림을 180도 돌려놓은 것이다. 크기가 같은지 아직 확신할 수 없는 다섯 각을 A, B, C, D, E라고 하자.

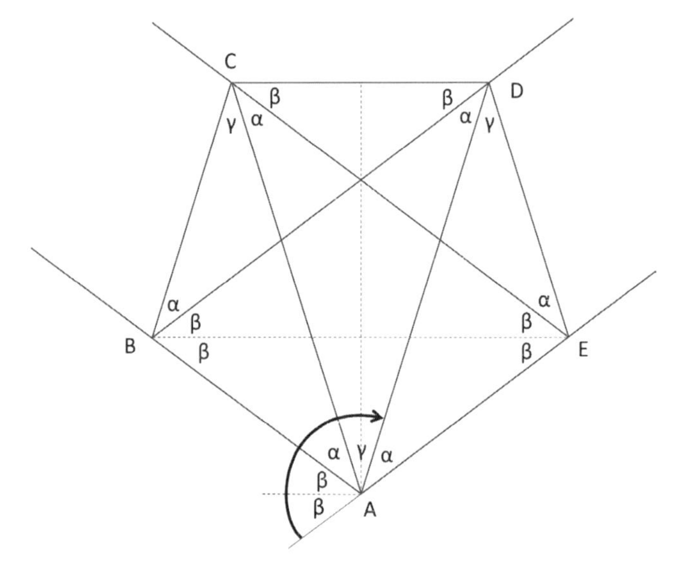

매듭에서 정오각형으로

오각형에는 DE와 AC 같은 평행선들이 여럿 있다. 종이 띠의 가장자리가 만든 선이므로 두 선은 평행할 수밖에 없다. 또한, 종이 매듭은 대칭이다. 앞면과 뒷면을 바꿔도, 그러니까 매듭을 뒤집어도 모양이 바뀌지 않는다. 그러므로 대칭축을 그릴 수 있고, 앞의 그림에서 매듭 가운데 세로로 그어진 점선이 대칭축이다. 또한, 대칭축과 직각으로 교차하는 점선 BE는 CD와 평행일 수밖에 없다.

이제 다섯 각을 여러 개로 쪼갤 것인데, 이때 나는 '서로 평행한 두 직선을 한 직선이 교차할 때, 평행한 두 직선과 항상 같은 각으로 교차한다.'는 공리를 이용할 것이다. 예를 들어 각 ACE와 BAC는 크기가 같다. 이 각을 α라고 하자. 대칭원리에 따라 각 C의 세 각과 각 D의 세 각이 각각 크기가 같다. 각 B와 각 E도 마찬가지다. 이런 식으로 모든 15개 각을 α, β, γ로 표시할 수 있다. 예를 들어 각 ECD(=β)와 각 BEC는 같은 크기다. 선분 CD와 선분 BE가 평행하기 때문이다. 따라서 각 BEC=β이다. 이런 식으로 나머지 내각도 표시할 수 있다. 이제 α, β, γ가 모두 같은 크기(α=β=γ)이고, 오각형의 다섯 변이 같은 길이임을 증명해야 한다.

먼저 점 A의 외각을 살펴보자. BD와 AE가 평행이므로 선분 AB가 교차하여 만든 각 DBA와 점 A의 외각은 평행선의 엇각으로 똑같이 2β이다. 오른쪽 위에서 내려온 종이 띠가 선분 AB에서 접혀 위로 향한 뒤 변 CD에서 접혀 오른쪽 아래로 내려와 변 AE를 만들고 다시 그곳에서 접혀 왼쪽 위로 올라간다.

접힌 변은 거울 구실을 한다. 즉 거울 앞에 있는 각과 투사된 각이 일치한다. 그러므로 $\alpha+\gamma$와 점 A의 외각은 같은 크기다. 외각의 크기는 이미 밝혀졌다. AB와 CE가 평행하므로 이 각은 $\beta+\beta$이다. 그러므로 $\alpha+\gamma=\beta+\beta$이다. 이것으로 삼각형 ACE와 ABD가 이등변삼각형임이 증명되었다. 삼각형 ACD도 이등변삼각형이므로 네 대각선 AC, AD, BD, CE의 길이가 모두 같다.

이제 대각선 AC를 보자. 왼쪽 위에서 내려온 종이 띠의 폭은 $\sin(\alpha)\times AC$이다. 접힌 종이 띠는 다시 CD를 향해 위로 접힌다. 이 종이 띠의 폭은 $\sin(\gamma)\times AC$로 계산할 수 있다. 종이 띠의 폭은 변하지 않으므로 각 α와 각 γ은 같은 크기일 수밖에 없다. 그러므로 $\alpha=\beta=\gamma$라는 결론에 이른다.

또한, 대각선 BE는 나머지 네 대각선과 길이가 같다. 그러므로 종이 매듭으로 만든 오각형의 모든 내각과 모든 변은 같은 크기이다. 즉, 정오각형이다. 이것으로 복잡한 증명을 마친다.

●각을 삼등분하기

독일 관용어구 중에 '원으로 네모를 만드는 일'이라는 말이 있는데 '불가능한 일'이란 뜻으로 쓰인다. 이 말이 어디서 유래했는지 아는가? 기하학의 3대 작도 불가능 문제 중 하나인 '원적문제 squaring the circle'에서 유래했다. 주어진 원과 같은 넓이의 정사각형을 작도하기 위해 고대 그리스 때부터 수학자들이 애를 썼지만 결국 아무도 성공하지 못했다. 19세기에 비로소 독일 수학자 페르디난트 폰 린데만Ferdinand von Lindemann이 주어진 원과 같은 넓이의 정사각형은 작도할 수 없다는 것을 증명했다. 작도할 수 없는 까닭은 원주율(π)이 초월수이기 때문이다.

주어진 각을 삼등분하는 문제 역시 기하학의 3대 작도 불가능 문제 중 하나로서, 원적문제만큼은 아니지만 꽤 유명하다. 선분을 삼등분하기는 그리 어렵지 않다. 그렇다면 주어진 각을 삼등분하려면 어떻게 해야 할까?

고대 그리스 때부터 약 2천 년 동안 많은 사람이 헛되이 애를 썼다. 19세기 수학자 피에르 로랑 방첼Pierre Laurent Wantzel이 컴퍼스와 자만으로는 주어진 각을 삼등분할 수 없음을 증명했다.

말하자면 피자를 공평하게 삼등분하려면 각도기로 각을 잰 후 3으로 나누어 표시한 후 자르는 방법밖에는 없다.

그러나 원래는 불가능한, 주어진 각을 삼등분하는 문제를 해결할 수 있는 간단한 트릭이 있다. 바로 각이 그려진 종이만 잘 접으면 된다.

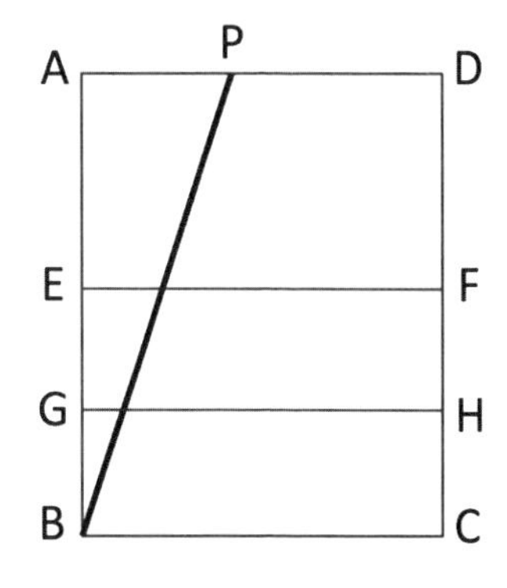

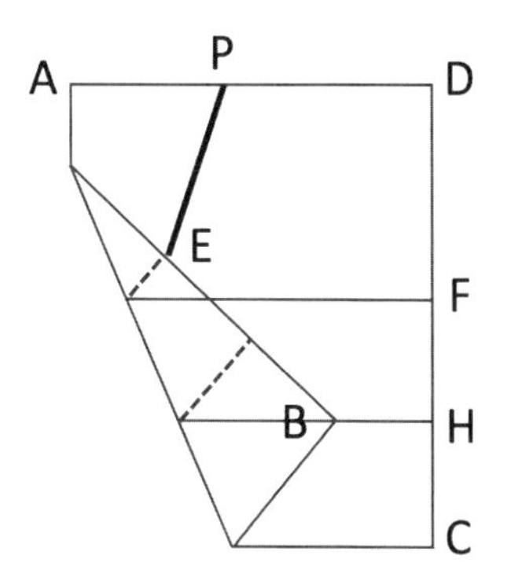

앞의 그림에서 각 PBC가 보이는가? 이 각을 삼등분하고자 한다. 선분 PB와 BC를 변으로 하는 각 B를 삼등분해보자.

A, B, C, D는 종이의 네 꼭짓점이다. 먼저 종이의 중간 지점에 가로선 EF를 그린다. EF와 BC의 정확히 중간에 종이의 가장자리와 평행이 되도록 두 번째 가로선 GH를 그린다.

이제 접기를 시작해보자. 귀퉁이 (B)를 선분 GH 쪽으로 접어 올려, 삼등분하려는 각의 윗변인 선분 BP 위에 점 E가 닿도록 한다. 점 B와 E가 각각 선분 GH와 선분 BP에 닿았으면 그림처럼 종이를 접는다. 귀퉁이 B와 선분 H가 만난 지점을 B'라고 하고 마찬가지로 E와 선분 BP가 만난 지점을 E'라고 하자(아래 그림 참고).

접은 선과 선분 GH가 점 I에서 교차한다. 이것으로 삼등분이 끝났다. 선분 BB'와 BI가 각 PBC를 삼등분한다.

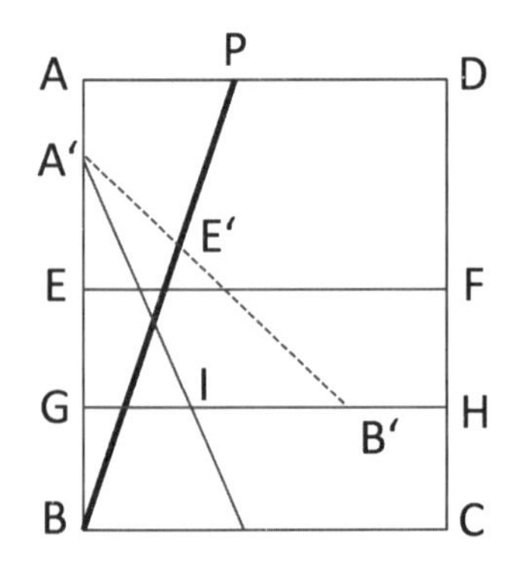

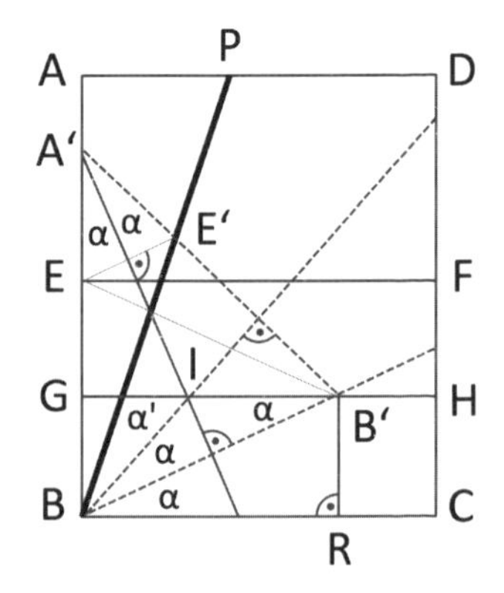

수학자들이 컴퍼스와 자로 해결할 수 없는 문제를 이런 단순한 접기로 해결하다니, 아마 믿기 어려울 것이다.

주어진 각을 정말로 정확히 삼등분했을까? 그것을 증명하는 일은 그리 어렵지 않다. 선분A'I를 따라 접었기 때문에 직각이 여러 개 생겼다. 선분 EE'와 BB'는 접은 선과 직각이다. 접은 선의 시작점인 A'와 점 B 그리고 점 B'가 이등변삼각형을 만든다. 접은 선이 이등변삼각형의 꼭지각 A'를 반으로 나눈 크기가 같은 두 각을 α라고 부르자.

각 CBB' 역시 크기가 α인데, 앞에서 언급한 이등변삼각형의 왼쪽 절반의 내각의 합을 계산하면, 각 B'BA=90-α라는 것을 알 수 있다. 대칭원리에 따라 각 BB'G와 각 IBB'도 똑같이 α임을 알 수 있다. 이제 각 IBE', 그러니까 α'가 α와 같은 크기임을 증명해야 한다.

접은 선이 거울 구실을 하므로, 선분 BI의 연장선은 선분 E'B'와 직각이다. 만약 BE'와 BB'의 길이가 같으면 삼각형 BB'E'는 이등변삼각형이고, 선분 BI의 연장선은 자동으로 꼭지각을 이등분한다. 이 말은 즉 α=α'라는 뜻이 된다.

실제로 BE'와 BB'는 길이가 같다. 왜냐하면, 네 점 E, E', B, B'는 접은 선을 대칭축으로 하는 사다리꼴이기 때문이다. 그러므로 두 대각선 BE'와 EB'는 길이가 같다. 또한, EB'는 BB'와 길이가 같다. GH가 EF와 BC의 정확히 중간에 있기 때문이다. 그러므로 삼각형 BB'E'는 정말로 이등변삼각형이다. 그리고 이것으로 선분

BI와 BB'가 주어진 각을 삼등분한다는 것이 증명되었다.

오리가믹스가 보여주는 멋진 기술에 어찌 감탄하지 않을 수 있으랴! 종이 한번 접는 것으로, 컴퍼스와 자로 풀 수 없는 문제를 순식간에 식은 죽 먹기로 만들어 버리다니, 정말 놀랍지 않은가?

종이 매듭으로 쉽게 만들 수 있는 도형이 하필이면 수학적으로 볼 때 가장 복잡한 정오각형이라는 사실 또한 감탄스럽다. 종이 매듭이 정말로 정오각형임을 증명하는 일은 주어진 각의 삼등분을 증명하는 것처럼 그리 간단하지 않다.

복잡한 증명과정을 이해했든 못했든 상관없이, 이제 당신은 기하학의 갑옷과 방패를 지녔다. 부활절 달걀을 어떻게 그릴지 걱정하지 않아도 되고, 생일파티 때 피자를 어떻게 공평하게 나눌지 고민하지 않아도 된다.

과제 6

사각형의 한 변의 길이를 50% 늘렸다. 사각형의 넓이를 그대로 유지하려면 다른 변의 길이를 몇 퍼센트 줄여야 할까?

과제 7

정n각형의 내각의 크기는?

과제 8

시곗바늘이 4시 20분을 가리킨다. 이때 긴 바늘과 짧은 바늘 사이의 각은 몇 도인가?

과제 9

변의 길이가 a인 정사각형이 있다. 이 정사각형의 네 변을 각각 밑변으로 하는 이등변삼각형 네 개가 정사각형 밖으로 펼쳐져 있다. 이 이등변삼각형의 넓이는 정사각형의 넓이와 같다. 표창모양의 별에서 마주하는 두 꼭짓점의 거리는 얼마인가?

과제 10

주어진 각의 크기는 63도다. 이 각을 컴퍼스와 자만 이용해서 삼등분하라. 종이를 접어서는 안 된다.

2487은 7의 배수일까? 아니면 13의 배수?

인수를 알아내기 쉽지 않은 수들이 있다. 그러나 계산기 없이도 9, 11, 13을 인수로 갖는지 확인할 수 있는 기발한 방법이 있다. 이 방법을 마스터하면 마술에도 이용할 수 있다.

3

분할하여 통치하라
각 자릿수의 합과 동화 속 숫자

나눗셈은 꼭 배워야 한다. 나눗셈을 알아야 편을 갈라 놀 수 있고, 살다 보면 공평하게 나누어야 할 때가 자주 있다. 그리고 이때 불공평하다고 느끼는 사람이 아무도 없게 하려면 종종 골치가 아프다. 가장 좋은 예가 바로 다음의 수수께끼다.

안톤, 칼, 요셉은 양 17마리를 공동으로 기른다. 17마리 중 절반이 안톤의 몫이고 3분의 1이 칼, 9분의 1이 요셉의 몫이다. 어느 날 세 사람은 크게 다투었고 결국 따로따로 양을 기르기로 했다. 각자의 몫만큼 양을 나눠야 한다. 어떻게 해야 양을 죽이지 않고 각자의 몫에 맞게 나눌 수 있을까?

언뜻 보기에도 만만치 않은 과제다. 안톤에게 절반을 주려면, 17을 2로 나누어 8.5마리가 필요한데, 양을 죽일 수는 없다. 이 과제를 풀려면 다음과 같은 영리한 트릭이 필요하다. 다른 사람에게 양을 한 마리 빌려 18마리를 만든다. 이제 18마리로 각자의 몫에 맞게 나누어 가진다. 안톤이 9마리(절반), 칼이 6마리(3분의 1) 그리고 요셉이 2마리(9분의 1). 그렇게 갖고 나면 정확히 한 마리가 남는다. 이제 남은 한 마리를 주인에게 돌려주면 된다.

수학적 계산으로만 보면, 당연히 이 트릭은 정확하지 않다. 17의 절반은 9가 아니라 8.5이므로. 그럼에도 양을 나눠 가진 비율 9:6:2는 정확히 1/2:1/3:1/9과 일치하므로 분배는 공평하다.

빌려온 양의 묘수는 1/2+1/3+1/9=1이 아니라 17/18이기 때문에 통한다. 세 사람이 17마리를 배당률에 따라 엄격하게 나누고

어쩔 수 없이 여러 마리가 죽어야만 한다면, 마지막에 주인 없는 양 17/18마리가 고깃덩어리로 남는다.

양을 나눠 갖는 일이 아니더라도 왜곡된 수로 계산하고 싶은 사람은 없을 테니까 이런 식의 분배는 당연히 피해야 한다. 그래서 나는 나누어떨어지는 수를 빨리 알아내는 요령을 이 장에서 설명하고자 한다.

각 자릿수의 합을 이용해 그 수가 3의 배수인지 알아내는 고전적인 방법을 아마 학교에서 배웠을 것이다. 그런데 이 방법이 왜 통하는지 명확히 알고 있는가? 그리고 11이나 13의 배수인지 알아내는 이와 비슷한 요령이 있다는 것도 아는가? 그중 한 가지가 동화 속 숫자인 1001이다. 1001은 7, 11, 13을 곱한 수다. 이외에도 다양한 요령들이 있다.

아주 간단한 것부터 시작해보자. 어떤 자연수가 2의 배수인지 어떻게 알까? 짝수여야 한다. 그러면 그 수는 나머지 없이 2로 나누어진다. 그리고 끝자릿수가 2의 배수이면 그 수는 짝수다.

5와 10의 배수 역시 매우 간단하다. 어떤 수가 0으로 끝나면 10의 배수이고, 5 혹은 0으로 끝나면 5의 배수다.

4의 배수는? 끝의 두 자리만 보면 된다. 끝의 두 자리가 4의 배수면 그 수는 나머지 없이 4로 나누어진다. 35648을 예로 들어보자. 이 수는 48로 끝난다. 48은 4의 배수이다. 그러므로 35648 역시 4의 배수이다. 왜 그럴까? 100은 물론이고 자동으로 모든 100의 배수는 언제나 4로 나누어지기 때문이다.

다시 말해, 끝의 두 자리가 00인 자연수는 항상 4의 배수다. 어떤 수가 4의 배수인지는 오로지 끝의 두 자리에 달렸다.

● 각 자릿수의 합

8의 배수도 이와 유사하다. 끝의 세 자리가 8의 배수면 그 수는 나머지 없이 8로 나누어진다. 앞에서 예로 들었던 35648의 경우, 648=81×8이므로 8의 배수다. 1000과 모든 1000의 배수들은 언제나 8로 나누어지기(125×8=1000) 때문이다.

3의 배수는 이미 모두가 알고 있다. 각 자릿수의 합이 3의 배수면 그 수는 언제나 3의 배수다. 예로 들었던 35648은 각 자릿수의 합이 26이기에 3의 배수가 아니다.

이 방식으로 1234567890 같은 열 자릿수가 3으로 나누어지는지 몇 초 안에 확인할 수 있다. 각 자릿수의 합은 1+2+3+4+5+6+7+8+9+0=45이고, 45는 3으로 나누어진다. 그리고 혹시 각 자릿수의 합조차 너무 큰 수여서 3의 배수인지 알기 어려우면, 다시 그 수의 각 자릿수의 합을 구해 3의 배수인지 확인한다. 1234567890의 경우 첫 번째 각 자릿수의 합은 45였고 이 수의 각 자릿수를 다시 계산하면 9이다. 9는 3의 배수다.

이 트릭의 원리를 설명하기는 다소 어렵다. 만약 직접 증명하고 싶다면, 아래 내용은 읽지 말고 건너뛰어라.

증명은 두 부분으로 구성된다. 첫째, 10의 제곱수를 3으로 나누었을 때 나머지가 얼마인지 밝힌다. 둘째, 각 자릿수의 합이 바로 그 나머지임을 밝힌다.

우리가 일반적으로 10n으로 쓸 수 있는 10의 제곱수부터 시작하자. 모든 10의 제곱수, 즉 10^0=1, 10^1=10, 10^2=100, 10^3=1000, … 10^n=100000…0000(n개의 0)은 3으로 나누었을 때 항상 나머지가 1이다.

●9로만 구성된 수

이것을 증명하는 일은 다행히 어렵지 않다. 10n에서 1만 빼면 9로만 구성된 n자릿수를 얻게 된다. 예를 들어 n=3이면 1000-1=999다. n개의 9로만 구성된 자연수는 어쨌든 3으로 나누어지고 또한 9로도 나누어진다!

왜 10의 제곱수를 이용해야 했을까? 우리가 사용하는 수는 10진법을 기반으로 하기 때문이다. 35648을 예로 들어보자. 이 수는 다음과 같이 10의 거듭제곱으로 풀어쓸 수 있다.

$$3\times10^4+5\times10^3+6\times10^2+4\times10^1+8\times10^0$$

35648의 각 자릿수가 10의 거듭제곱 앞에 있다. 그리고 10의 거듭제곱을 3으로 나누면 항상 나머지가 1이라는 것을 우리는 이미 안다.

이제 '각 자릿수×10의 거듭제곱'을 살펴볼 차례다. 이 곱셈 값을 3으로 나누었을 때의 나머지는 얼마이고, 10의 거듭제곱을 3

으로 나누었을 때의 나머지에 각 자릿수를 곱한 값이 무엇인지만 보면 된다. 예를 들어 35648의 두 번째 숫자 5를 보자. 103을 3으로 나눈 나머지는 1이다. 그럼 5×10^3의 나머지는 얼마일까?

103을 3×333+1로 쓴다면, 다음의 식이 생긴다.

$$5\times10^3=5\times(3\times333+1)$$
$$=5\times3\times333+5\times1$$

5×10^3의 나머지가 5×1=5라는 것을 금방 알 수 있다.

같은 방식으로 우리는 m과 n이 자연수일 때, $m\times10^n$을 3으로 나누면 나머지가 m이라는 것을 증명할 수 있다.

10의 거듭제곱과 3으로 나누어지는 수의 곱셈 규칙은 어떤 수 a를 어떤 수 c로 나누었을 때의 나머지에도 적용된다. b×a를 c로 나누었을 때 그 나머지가 얼마인지 알고 싶으면, a의 나머지를 b에 곱하기만 하면 된다.

$$\text{나머지}(b\times a)=b\times\text{나머지}(a)$$

증명은 거의 막바지에 왔다. 각 자릿수를 더할 때도 나머지만 보면 된다는 것을 밝히기만 하면 된다. $3\times10^4+5\times10^3$을 보자.

$$3\times10^4+5\times10^3=3\times(3\times3333+1)+5\times(3\times333+1)$$

$=3\times(3\times3333+5\times333)+3\times1+5\times1$

두 수의 덧셈식에서 우리는 각 수의 나머지(3×1과 5×1)를 한곳에 모으고 3으로 나누어지는 수를 한곳에 모을 수 있다. 그러므로 다음과 같은 식이 성립된다.

$$나머지(3\times10^4+5\times10^3) = 나머지(3\times10^4) + 나머지(5\times10^3)$$

이것 역시 모든 자연수로 일반화할 수 있다. a+b를 c로 나누었을 때의 나머지는 a의 나머지와 b의 나머지를 합한 것과 같다.

$$나머지(a+b)=나머지(a)+나머지(b)$$

각 자릿수의 합에서 왜 3으로 나누었을 때의 나머지를 알 수 있는지 이제 명확해졌다. 우리의 예 35648을 다시 보자.

$$3\times10^4+5\times10^3+6\times10^2+4\times10^1+8\times10^0$$

수학자들은 나머지를 표현할 때 '모듈로[Modulo]'라는 용어를 사용한다.
8을 3으로 나누었을 때의 나머지를 다음과 같이 표기한다.
8 mod 3 = 2
덧셈과 곱셈의 나머지 공식은 다음과 같다.
(b×a) mod n = b×(a mod n)
(a+b) mod n = a mod n + b mod n

각 자릿수의 합(3+5+6+4+8)을 계산하는 것은 곧 10의 거듭제곱의 여러 배수를 3으로 나누었을 때의 나머지를 더하는 것과 같다. 각 자릿수의 합은 26이고 26은 3으로 나누어지지 않으므로 35648도 3으로 나누어지지 않는다. 9에서도 마찬가지다. 각 자릿수의 합이 주어진 수를 9로 나누었을 때의 나머지를 알려준다. 이것으로 우리는 각 자릿수의 합으로 3과 9의 배수를 확인할 수 있음을 증명했다.

●11의 배수 트릭

우리는 이제 2, 3, 4, 5, 8, 9, 10으로 나누어지는 수를 알아내는 방법을 안다. 그렇다면 11의 배수는 어떻게 확인할 수 있을까? 여기 기발한 요령이 있다. 11의 배수를 확인할 때는 각 자릿수의 합이 아니라 이른바 '각 자릿수의 덧셈 뺄셈 교대계산'을 이용한다. 35648을 예로 들면, 각 자릿수의 덧셈 뺄셈 교대계산의 결과는 다음과 같다.

3-5+6-4+8=8

덧셈과 뺄셈을 교대로 한다. 그래서 각 자릿수의 덧셈 뺄셈 교대계산이라 불린다. 계산 결과 8은 11로 나누어지지 않는다. 그러므로 35648도 11의 배수가 아니다. 이 요령을 몰랐다면, 아마 마술 같아 보였을 것이다. 이 요령의 원리 증명은 다음과 같다.

10의 짝수 거듭제곱, 즉 10^2, 10^4, 10^6…은 11로 나누었을 때 언제나 나머지가 1이다. 이것을 증명하는 일은 어렵지 않다. 10^{2n}-1은 항상 2n 개의 9로 구성된다. 999…999. 이 수를 11로 나누면 90909…909 형식으로 구성된 (2n-1)자릿수를 얻게 된다. 그러니까 이 수는 9로 시작해서 9로 끝나고 중간에는 언제나 0과 9가 교대로 나온다. 99, 9999, 999999로 직접 계산해보라!

10의 홀수 거듭제곱(10^1, 10^3, 10^5…)을 11로 나누면 나머지는 10이다. 이것을 우리는 앞에서 배운 나머지의 곱셈 규칙을 이용해 쉽게 증명할 수 있다. 앞에서 확인했듯이, 10^{2n}을 11로 나누면 나머지는 항상 1이다. 그러므로 $10 \times 10^{2n} = 10^{2n+1}$의 나머지는 $10 \times 1 = 10$이다. 나머지 10 대신에 우리는 나머지 -1로 계산할 수 있는데, 왜냐하면 10과 -1의 차이가 정확히 11이기 때문이다. 이것으로 10의 홀수 제곱수를 11로 나누면 나머지가 -1이라는 것이 증명되었다.

1, 100, 10000…을 11로 나누면 나머지가 항상 1이고 10, 1000, 100000…을 11로 나누면 나머지가 항상 -1이라면, 각 자릿수 앞에 부호만 올바르게 붙이면 자동으로 각 자릿수의 덧셈 뺄셈 교대계산이 된다. 35648에서 나는 3-5+6-4+8을 계산하여 8을 얻었다. 각 자릿수의 덧셈 뺄셈 교대계산에서는 +에서 시작하든 -에서 시작하든 상관없다. 즉, -3+5-6+4-8을 계산해도 결과는 -8이다. 중요한 것은 각 자릿수의 덧셈 뺄셈 교대계산의 결과가 11의 배수인지다. 음수냐 양수냐는 상관없다.

7, 13, 17 혹은 19의 배수는 어떻게 알 수 있을까? 이런 수에도 배수를 찾는 요령이 있다는 사실이 정말 놀랍지 않은가!

그러나 우선, 소수인 2와 5를 포함하지 않을 때 적용하는 요령을 설명하고자 한다. 308을 예로 들어보자. 308이 7로 나누어지는지부터 확인해보자.

● 뒤에서부터 잘라내기

방법은 간단하다. 308에서 8로 끝나는 7의 배수를 빼면 된다. 즉, 뺄셈 값이 10의 배수가 되는 7의 배수를 선택한다.

$$308-7\times4=308-28=280$$

280에서 0을 지운 28이 7의 배수인지 확인한다. 28은 7의 배수이다. 그러므로 308도 7의 배수이다.

소수인 2와 5를 포함하지 않는 한, 이 방법은 모든 수에 적용할 수 있다.

11로 나누어지는지 확인하고 싶으면, 308에서 88(=11×8)을 뺀다. 그 결과인 220에서 역시 0을 지운 22가 11의 배수이므로 308도 11의 배수다.

19의 배수인지 확인하려면 308에서 38(=19×2)을 뺀다. 결과는 270이고 0을 지운 27이 19의 배수가 아니므로 308도 19의 배수가 아니다.

나누는 수의 배수를 뺀 후 0을 없애는 방법을 연속해서 쓸 수 있기 때문에 더 큰 수도 확인할 수 있다. 이 경우 시간이 좀 걸리지만 어쨌든 계산기 없이 바른 답을 찾을 수 있다.

동화 속 숫자 요령은 더 우아하다. 우리는 이것으로 어떤 수가 7, 11, 13으로 나누어지는지를 쉽게 확인할 수 있다. 이때 우리는 7×11×13이 정확히 동화 속 숫자 '1001'이라는 사실을 이용한다. 1001을 동화 속 숫자라 부르는 까닭은 《아라비안나이트 : 천일 야화》 때문이다.

동화 속 숫자 요령은 다음과 같다.

먼저 숫자를 분리한다. 가령 134786이라면 오른쪽에서 시작하여 세 숫자씩 묶는다. 그런 다음 맨 왼쪽의 묶음을 오른쪽의 세 숫자 묶음에서 뺀다. 세 자릿수가 될 때까지 이 과정을 반복한다. 마지막 남은 세 자릿수가 7, 11, 13으로 나누어지면 처음 수도 7, 11, 13으로 나누어진다.

●동화 속 숫자 계산

언뜻 복잡하게 들릴 수 있지만, 직접 해보면 아주 간단하다! 다음의 예를 보자.

134768을 오른쪽에서 시작하여 세 숫자씩 묶으면 134|768이 된다. 왼쪽의 134를 오른쪽의 세 숫자 묶음 768에서 뺀다.

134 | 768

-134

=634

634는 7, 11, 13으로 나누어지지 않는다. 그러므로 134768도 7, 11, 13으로 나누어지지 않는다.

이해를 돕기 위해, 예를 하나 더 들어 동화 속 숫자 계산을 다시 설명하겠다. 24332와 123456789를 확인해보자.

24 | 332

-24

=308

308은 13의 배수는 아니지만 7과 11의 배수다. 308이 7과 11의 배수임은 '0을 없애고 확인하는 방법'에서 이미 알았다. 그러므로 24332도 7과 11의 배수다.

아주 큰 수를 확인할 때 특히 '1001 요령'이 진가를 발휘한다.

123456789를 123|456|789로 떼어놓는다.

우리는 123을 456에서 뺀다. 그리고 두 번째 단계로 뺄셈의 결과를 789에서 다시 뺀다.

123 | 456 | 789

-123

=333 | 789

-333

=456

최종 결과 456은 7, 11, 13으로 나누어지지 않는다. 그러므로 123456789 역시 나누어지지 않는다.

계산을 하다 보면 결과가 음수로 나오는 경우가 있다. 마지막 세 자릿수가 나오기 전에 이런 일이 발생하면 일반적인 계산법대로 하면 된다. 이때 '-'부호를 잊지 않도록 조심한다.

441 | 221 | 333

-441

=-220 | 333

하던 대로 계속하면 된다.

-220 | 333

-(-220)

=553

553은 7의 배수이므로 441221333 역시 7의 배수다. 반면 553은 11과 13으로 나누어지지 않으므로 441221333 역시 11과 13

으로 나누어지지 않는다.

최종 결과가 음수라도 나누어지는지를 확인하는 데는 아무 문제 없다. 가령 -22는 11로 나누어지지만 -23은 아니다. 최종 결과에 등장한 '-'부호는 그냥 무시한다.

동화 속 숫자 요령의 숨은 원리는 무엇일까? 우리는 계산 과정에서 여러 번 1001의 배수를 뺐지만, 그렇더라도 7, 11, 13으로 나눈 나머지는 그대로다. 1001의 배수는 결국 $7\times11\times13$의 배수이기 때문이다. 다시 말해 1001의 배수는 7, 11, 13으로 나누면 나머지가 0이다.

예로 들었던 123456789에서 첫 번째 단계는 다음과 같다.

123456789
-123123000
= 333789

123123000은 $123\times1001\times10^3$이다. 두 번째 단계는 다음과 같다.

333789
-333333
= 456

333333은 333×1001이므로 역시 1001의 배수다.

●나누어서 더하기

동화 속 숫자 요령은 정말 기발하다. 그러나 나누어지는지 확인하는 트릭은 아직 끝나지 않았다. 1931년에 출판된 칼 메닝거Karl Menninger의 책에서 나는 모든 두 자릿수 혹은 대부분의 세 자릿수로 나누어지는지 확인할 때 쓸 요령을 발견했다.

이것은 소위 '보충할 나머지'를 기반으로 하는데, 앞에서 설명한 요령과 같은 원리다. 말하자면 동화 속 숫자 요령의 보편화 버전이다. 나눔 수의 배수를 여러 번 반복해서 뺌으로써 확인할 수를 작은 수로 만든다.

'보충할 나머지 요령'에서는 먼저 나눔 수를 100 혹은 1000으로 표현할 방법을 찾아야 한다. 그리고 가능한 한 100 혹은 1000에 가까운 나눔 수의 배수를 찾는다. 이 배수가 100 혹은 1000이 되는 데 부족한 수가 '보충할 나머지'다.

구체적인 예를 들어 설명하는 것이 이해하기에 빠를 것이다. 7의 배수인지 확인하고 싶으면, 즉 나눔 수가 7이라면 7×14+2=100을 만든다. 가령 833이 7로 나누어지는지 확인하고자 한다면, 맨 왼쪽의 100의 자릿수 8을 지우고 그 대신 8에 '보충할 나머지' 2를 곱한 후 남아 있는 33에 더한다. 이로써 7의 배수에 가까운 작은 수가 되었다.

~~8~~33

+16

=49

49는 7의 배수이므로 833 역시 7의 배수여야 마땅하다. 그리고 실제로 7×119=833이다.

보충할 나머지를 이용한 이 방법은 100 혹은 1000이 되기에 모자란 '보충할 나머지'가 작을수록 진가를 발휘한다. 111이 나눔수일 때가 바로 그런 경우인데, 111×9+1=1000이기 때문이다.

45334가 111로 나누어질까? 45×1000을 빼고 45×1을 더한다. 그러면 결과적으로 45×999를 뺀 것이고 이 말은, 즉 111의 배수를 뺐다는 뜻이다.

~~45~~335

\+ 45

= 380

380이 111의 배수가 아니므로 45335도 111의 배수가 아니다.

자세히 관찰하면, 동화 속 숫자 요령이 실제로 보충할 나머지 요령의 특별사례라는 것이 드러난다. 이미 알고 있듯이 7×11×13-1=1000이다. 보충할 나머지는 이 경우 -1, 즉 음수이다. 동화 속 숫자 요령에서 우리는 확인해야 할 수에서 1000의 자릿수를 지우고, 지운 수를 남아 있는 세 자릿수에서 빼야 했다. 결국, 같은 계산법이다.

보충할 나머지 요령이 다소 버거울 경우도 있다. 하지만 계산기가 없을 때 발명된 방법임을 생각하면 불평할 일이 아니다. 나눔 수가 19인 예를 보자. 5339가 19로 나누어질까? 19의 배수를 이용해 100이 되게 만들면 19×5+5=100이다. 우리는 5339에서 5300을 빼고 53×5=265를 더한다.

~~53~~39

\+ 265

= 304

304에서 300을 빼고 3×5=15를 더함으로써 더 작은 수로 만들 수 있다.

~~3~~04

\+ 15

= 19

5339는 19로 나누어진다. 계산기로 5339를 19로 나누면 몫이 281이다.

보충할 나머지 요령은 언제나 우리를 목적지에 데려가지만, 일상에서 사용할 일은 거의 없을 것이다. 바야흐로 모든 휴대전화에 기본으로 내장된 계산기를 먼저 두드릴 것이기 때문이다. 그럼에도 나는 이 요령이 흥미롭다. 그래서 여기에도 소개했다. 반면 각 자릿수의 합과 동화 속 숫자 1001 요령은 아주 간단해서 일상에서도 편리하게 이용할 수 있다. 이 방법으로 당신은 어떤 수가 3, 7, 9, 11, 13으로 나누어지는지 확인할 수 있다. 여기에 옛날부터 잘 알려진 2, 4, 5, 8로 나누어지는지 확인하는 방법을 추가하면, 생일에 사탕을 나누는 데 진땀을 빼지 않아도 될 것이다.

이 요령들을 노련하게 조합할 수 있는 사람은 6, 12, 18 더 나아가 99로 나누어지는지도 쉽게 확인할 수 있다. 예를 들어 짝수이고 각 자릿수의 합이 3으로 나누어지면 그 수는 또한 6으로도 나누어진다. 각 자릿수의 합이 9로 나누어지고 동시에 각 자릿수의 덧셈 뺄셈 교대계산 값이 11로 나누어지면, 이 수는 9×11=99로도 나누어진다.

●표본 검산

계산이 맞았는지 확인할 때도 각 자릿수의 합을 이용할 수 있다. 아직 계산기가 없을 때 이 방법이 주로 애용되었다. 이른바 '9와 11 검산'은 비록 100퍼센트는 아니지만, 상당히 높은 확률로 계산이 올바른지 알려준다.

검산 방법은 9 또는 11로 나누었을 때 그 나머지들을 더하고 곱하고 뺀 결과가 원래 수들을 더하고 곱하고 뺀 수의 나머지와 같다는 것을 기반으로 한다. 만약 a라는 수의 나머지가 1이고 b라는 수의 나머지가 2라면 그 수의 곱셈(a×b)의 나머지는 반드시 1×2=2이고, 두 수의 합(a+b)의 나머지는 1+2=3이다.

9 검산과 11 검산을 각각 이용할 수 있다.

 1235

+5678

=6813

9 검산으로 볼 때 이 계산은 틀렸다. 두 수의 각 자릿수의 합을 구하면 각각 2와 8이고 이것을 합하면 10, 즉 10의 각 자릿수의 합은 1이다. 그러나 6813의 각 자릿수의 합은 18, 즉 9이기 때문이다. 11의 배수인지를 알아보는 방법인 '각 자릿수의 덧셈 뺄셈 교대계산' 역시 위의 덧셈이 틀렸음을 보여준다. -3과 -2의 합은 -5인데 6813의 계산 결과는 -4이기 때문이다.

17×241=4099가 맞는지 확인하기 위해 17×241을 직접 계산해 보거나 계산기를 두드리지 않고 빨리 확인하고 싶을 때 이런 검산이 도움을 준다. 9 검산을 쓰면, 17의 각 자릿수의 합(8)×341의 각 자릿수의 합(8)=64이다. 64의 각 자릿수의 합은 10이고 결국 1이 된다. 4099의 각 자릿수의 합은 22이고 결국 4가 된다. 그러므로 17×241=4099라는 계산은 틀렸다. 왼쪽 항과 오른쪽 항을 각각 9로 나누었을 때 그 나머지가 서로 다르기 때문이다.

계산이 틀렸는데도 9 검산에서 맞게 나오는 경우가 있다. 정답과 오답의 차가 9의 배수일 때 그렇다. 혹은 자릿수에서 오류를 범했을 때, 즉 결과에 87 대신 870을 적었을 때도 그렇다. 9 검산과 11 검산을 조합해서 사용하면, 자릿수의 오류 외에 오차가 99의 배수일 때만 놓치게 된다.

우리는 이 장에서 여러 나눔 수 요령을 다시 상기하거나 새롭게 배웠다. 어쩌면 이것이 정말 필요할까, 여전히 의심스러울 것이다. 가장 매혹적인 9 검산의 활용을 7장과 9장에서 다시 만나게 될 것이다. 다양한 마술 트릭이 각 자릿수의 합을 절묘하게 이용하는 것을 보면 당신은 감탄하게 될 것이다!

과제

과제 11

어떤 수가 16으로 나누어지는지 어떻게 알 수 있는가?

과제 12

55로 나누어지는 수를 찾아라.

3938

2512895

4541680

과제 13

7, 11, 혹은 13으로 나누어지는 수가 있는가?

15575

258262

24336

65912

22221111

과제 14

m과 n은 자연수다. $100m+n$이 7로 나누어진다면 $m+4n$ 역시 7로 나누어진다는 것을 증명하라.

과제 15

5, 7, 11로 나누었을 때 나머지가 모두 1인 가장 작은 소수를 찾아라.

매듭이 풀려 큰 실수를 할 수 있기에 매듭 묶는 법은 꼭 알아둬야 한다. 넥타이 매듭도 100퍼센트 안전한 건 아니다. 수학적으로 분석해볼 때 넥타이 매는 방법이 무려 85개나 된다.

4 안전보장 체계적인 매듭

올가미 매듭을 처음 배웠을 때, 나는 감탄에 감탄을 거듭했다. 요트 운전학원에서 배웠는데, 1톤 무게에도 끄떡없어서 놀랐고, 너무 쉽게 풀 수 있어서 다시 한 번 놀랐다.

30년간 나는 매듭 문맹자였다. 내가 아는 거라곤 기껏해야 그냥 두 번 묶거나 리본 모양으로 묶는 것이 전부였다. 그리고 그것만 알아도 별 어려움 없이 잘 지냈다. 그러다 독일 북부에서 요트 운전을 배우면서, 올가미 매듭, 접친 매듭, 반 매듭을 배웠다.

내친김에 매듭에 관한 책을 한 권 샀다. 밧줄 묶는 방법이 그렇게 많을 줄이야! 아주 비슷하게 보이는 매듭이라도 전혀 다른 특징을 가졌다. 왜 그럴까? 그리고 밧줄 두 개를 서로 묶는 방법은 과연 몇 개나 될까?

매듭이 수학과 아주 많은 관련이 있다는 걸 알게 되었다. 그리고 매듭이론이 넥타이를 멋지게 매는 방법 그 이상임을 알게 되었다. 이 이야기는 뒤에서 다시 하기로 하자. 어쨌든 매듭이론은 삶

올가미 매듭 : 놀랍도록 단단하지만, 맘만 먹으면 쉽게 풀 수 있다.

을 더욱 편하게 해준다. 어릴 때 배운 방법보다 훨씬 단단하게 신발 끈을 묶을 수 있는 기발한 방법이 있기 때문이다.

구체적인 방법을 배우기 전에 이론부터 가볍게 살펴보자. 매듭은 기하학의 일부로, 이른바 '위상수학'이다. 위상수학은 늘리거나 찌그러트려도 그 특징이 변하지 않는 구조를 다룬다.

점토로 만든 입체형을 상상해보라. 이것을 원하는 모양으로 빚을 수 있다. 다만 구멍을 새로 만들면 안 되고 당연히 있는 구멍을 메워서도 안 된다.

사과와 배는 엄연히 다른 과일이지만 위상수학에서는 같다. 공과 유리컵도 같다. 공을 변형하여 유리컵을 만들 수 있고, 유리컵을 변형하여 공을 만들 수 있기 때문이다. 점토로 만든 공을 상상해보라. 위에서 엄지로 공을 깊게 누르기만 하면 벌써 유리컵의 기본 형태가 생긴다.

손잡이가 있는 머그잔과 공이라면 상황은 달라진다. 머그잔에

위상수학 : 공과 머그잔

는 손잡이 때문에 구멍이 있다. 그러나 공에는 구멍이 없다. 도넛이라면 머그잔으로 바꿀 수 있다. 도넛의 한 부분을 엄지로 눌러 주기만 하면 되는데, 엄지로 누른 부분이 바로 커피가 담길 부분이다.

그렇다면 매듭은 뭘까? 수학자가 아닌 일반인이라면 그냥 신발 끈을 가리킬 것이고, 어쩌면 서로 묶여 있는 밧줄에 대해 설명할 수도 있으리라. 매듭이라고 하면 우리는 대개 서로 묶여 있는 밧줄 두 개나 말뚝 같은 데 단단히 묶여 있는 밧줄 하나를 떠올린다.

그러나 이것은 매듭이론의 특별 사례에 해당한다. 매듭을 일관되게 분류하기 위해 수학자들은 고리 모양의 밧줄을 분석하여 그것으로 어떤 구조를 만들 수 있는지 연구한다. 가장 간단한 구조는 매듭이 없는 고리다. 그러나 매듭이 복잡하게 꼬인 올가미도 있다. 수학자는 이렇게 묻는다.

언뜻 보기에 전혀 다른 매듭이지만 위상수학으로 보면 같은 구조인가? 즉, 어떤 매듭을 다른 매듭으로 변형할 수 있는가? 당연히 가위를 사용하지 않고.

● 에테르에서 매듭으로

매듭은 아주 오래전부터 사용되었다. '고르디아스의 매듭'처럼 고대 그리스 전설에도 등장한다. 고대 그리스 시대에는 '헤라클레스의 매듭'이 애용되었는데, 오늘날은 '십자가 매듭'이라 불리며

한때는 '사랑의 매듭'이라 불리기도 했다.

선원, 낚시애호가, 등반가, 외과의사…… 이들은 모두 매듭이 필요한 사람들이다. 절대온도의 단위 '켈빈'으로 유명한 영국의 물리학자 켈빈 경Lord Kelvin(1824~1907)에게서 매듭이론이 시작되었다.

물리학에 공헌한 케빈의 업적은 논란의 여지가 없지만, 오늘날 잘 알려졌듯이 그는 몇몇 오류를 범하기도 했다. 당시 사람들은 공기 중에 떠다니는 눈에 보이지 않는 '에테르'의 존재를 믿었다. 켈빈은 에테르 소용돌이의 매듭으로 화학성분의 다양성을 설명하려 했다. 비록 그의 기이한 시도는 실패로 끝났지만, 매듭이론이 탄생했다.

매듭이론은 오랜 세월 수학적 놀이에 불과했다. 그러나 현재는 생화학자들이 DNA 같은 복잡하게 꼬인 분자구조를 조사할 때 쓰는 중요한 도구가 되었다.

매듭이론은 일상생활에도 많은 도움을 준다. 신발 끈부터 보

리본으로 묶은 신발 끈 : 단단히 묶인 걸까?

자. 당신은 어떤지 모르지만, 나는 신발 끈이 자꾸 풀려서 적잖이 성가시다. 그래서 리본을 묶은 뒤 풀리지 말라고 다시 한 번 더 묶는데 그러면 신발을 벗을 때 풀기가 아주 힘들다. 하지만 어쨌든 리본은 풀리지 않는다.

스포츠를 보면, 신발 끈을 잘 묶는 것이 얼마나 중요한지 알 수 있다. 세계육상대회에서조차 신발 끈이 풀리는 일이 이따금 발생한다. 자메이카 육상선수 우사인 볼트Usain Bolt는 2008년 베이징 올림픽에서 총성과 함께 뛰어 나갔다. 그러나 신발 끈이 풀려 있었다. 다행히 발에 꼭 맞는 스파이크여서 신발 끈이 풀렸음에도 그는 세계신기록을 달성했다.

마라톤 선수라면 신발 끈이 풀리는 문제는 좀 더 심각하다. 케냐 마라톤선수 존 카그웨John Kagwe는 1997년 뉴욕마라톤대회에서 신발 끈을 묶느라 두 번이나 멈춰야 했다. 물론 그럼에도 챔피언이 되었지만, 직접 뛰어 본 사람은 아마 알 것이다. 중간에 멈추는 것이 얼마나 싫은 일이고 그로 인해 얼마나 쉽게 리듬이 깨지는지.

이 장을 쓰기 위한 조사 과정에서, 신발 끈이 잘 풀리는 문제가 잘못된 매듭 때문임을 확인하게 되었다. 리본 모양의 매듭은 어차피 단순한 매듭 두 번으로 구성된다. 두 번째 묶을 때 양쪽 끝을 다 빼지 않고 리본 모양을 만들어 묶었을 뿐이다. 그리하여 이 두 번째 매듭이 걷다보면 쉽게 풀리는 것이다.

그래니 매듭

십자 매듭

●리본 꼬아 묶기

위상수학에서 보면, 신발 끈의 리본 묶기는 두 가지가 있다. 하나는 두 번 모두 똑같이 묶는 것이고, 또 하나는 서로 다르게 묶는 것이다.

두 번 모두 똑같이 묶으면, 그러니까 두 번 다 왼쪽 줄을 뒤로 가게 해서 오른쪽으로 홀쳐 묶으면 그 결과는 '할머니 매듭'이라 불리는 '그래니 매듭'이 된다.

반면 두 번째 묶을 때 왼쪽 줄이 앞으로 오게 묶으면, '십자 매듭'이 되는데, 그래니 매듭보다 훨씬 단단하다.

묶인 리본만 보고 그래니 매듭인지 십자 매듭인지 알아내기는 힘들다. 그러나 리본의 방향에서 힌트를 얻을 수 있다. 리본이 신발 길이와 대각선이면 이것은 분명 십자 매듭이다. 반면 리본이 신발 길이와 같은 방향이면 그래니 매듭일 가능성이 높다.

매듭의 종류를 알아내는 간단한 방법이 있다. 신발 끈을 풀 때처럼 신발 끈의 양 끝을 당기지 말고 리본을 당겨보면 양 끝이 두

십자 매듭(왼쪽)과 그래니 매듭(오른쪽)

번째 매듭 사이로 통과한다. 그러면 일반적으로 이중매듭이라 불리는, 그냥 두 번 묶은 매듭이 생긴다.

자 이제 이 이중 매듭을 자세히 살펴보라. 살짝 느슨하게 만들어 살펴보면 어떤 방식으로 묶었는지 알 수 있다. 이것을 94쪽의 두 사진과 비교해보라. 십자 매듭과 같은 모양이면 당신은 지금까지 올바른 방식으로 신발 끈을 맸다. 축하의 박수를 보낸다!

그래니 매듭과 같은 모양이라면, 신발 끈 매는 방법을 다시 배우기를 권한다. 첫 번째 묶을 때 평상시 하던 것과 반대로 묶는 것이 가장 간단한 방법이다. 예를 들어 항상 오른쪽 줄을 뒤로 가게 해서 왼쪽으로 훌쳐 묶었다면 이제부터는 오른쪽 줄을 앞으로 가게 해서 묶어라. 직접 시험해보라. 십자 매듭이 확실히 단단하다! 나의 경우, 방법을 바꾼 후 종일 신발 끈이 풀리지 않았다.

신발 끈 묶는 기술을 더욱 발전시키고 싶으면, 호주 멜버른에 사는 이안 피겐Ian Fieggen의 웹사이트를 방문해보라. 컴퓨터 프로그래머이자 그래픽디자이너인 그는 신발 끈 매는 방법을 체계적으로 분석하고 스스로 개발한 매듭 기술들을 fieggen.com에 정리해 놓았다. 결국은 고전적인 십자 매듭이지만, 우리가 알고 있는 전통적인 방법보다는 확실히 빨리 묶을 수 있다. 또한, 그는 신발 끈이 나일론 재질이라 매우 미끄러울 때 꼭 필요한 방법이라면서 더욱 단단하게 묶을 수 있는 매듭기술도 소개한다.

●중요한 건 어쨌든 잘 묶는 것

신발 끈을 주제로 말할 이야깃거리는 아직도 많이 남았다. 리본을 묶는 방법이 아주 다양할 뿐 아니라 신발 끈이 어떤 구멍을 어떻게 통과하느냐에 따라 수많은 가능성이 생기기 때문이다. 너무 많아서 현기증이 날 정도다.

신발 끈 이론은 호주 출신 수학자 버커드 폴스터Burkard Polster에게서 시작되었다. 그는 2002년에 과학잡지 〈네이처〉에 놀랍도록 많은 신발 끈 매는 방법을 정리한 짧은 논문을 발표했다. 버커드 폴스터는 "이 주제에 대한 대중의 대단한 관심에 나보다 더 놀란 사람은 아마 없을 것이다."라고 말했다.

리본 묶는 방법에서 이미 매듭이론이 조합론과 관련이 아주 많다는 걸 느꼈을 것이다. 리본은 기본적으로 두 번의 단순한 매듭으로 구성된다. 각 매듭은 두 가지 방식으로, 즉 오른쪽 끝으로

신발 끈 매는 방법 : 별모양(왼쪽)과 고전적인 교차형(오른쪽)

시작하거나 왼쪽 끝으로 시작해서 묶을 수 있다. 그러므로 리본 하나를 묶는 방식의 경우의 수는 총 2×2=4이다. 그중 두 경우가 두 번의 매듭을 각각 다른 방향으로 묶는 십자 매듭이고, 나머지 두 경우가 걸핏하면 풀리는 그래니 매듭이다.

신발 끈에서는 경우의 수가 비교할 수 없게 더 많다. 맨 밑에 있는 구멍 한 쌍만 봐도 벌써 알 수 있다. 신발 끈을 매려면 어쨌든 끈을 이 구멍에 꿰어야 한다. 여기에 벌써 네 가지 가능성이 있다. 양 끝을 두 구멍으로 위에서 아래로 혹은 아래에서 위로 꿸 수 있다. 그러나 오른쪽 구멍은 위에서 왼쪽 구멍은 아래에서, 또는 오른쪽 구멍은 아래에서 왼쪽 구멍은 위에서 꿸 수도 있다.

첫 번째 구멍 한 쌍이 끝났다. 이제부터 점점 더 복잡해진다. 두 끝을 대각선으로 위에 있는 구멍 한 쌍에 꿸 수도 있지만, 대각선

신발 끈 기술 : 악마(왼쪽)와 사각지그재그(오른쪽)

이 아니라 직선으로 바로 위에 있는 구멍에 꿸 수도 있다. 혹은 한 쪽 끝만 위에 있는 쌍으로 올리고 다른 끝은 한 칸을 건너뛰어 그 다음 구멍에 혹은 맨 꼭대기에 있는 구멍에 꿸 수 있다. 새로 산 운동화를 상자에서 꺼내 끈을 맬 때 대부분 이 방법을 쓸 것이다.

버커드 폴스터는 신발 끈 기술을 여덟 개의 범주를 만들었다. 먼저 교차형, 지그재그, 별, 나비넥타이가 있다. 그리고 마지막 구멍 한 쌍에 도달하기 전에 신발 끈이 아래에서 위로뿐 아니라 위에서 아래로도 꿰어지는 두 가지 독특한 방법이 있다. 이것을 수학자들은 악마와 천사라고 이름 붙였다. 마지막으로 뱀과 지그재그의 변종인 사각 지그재그가 있다(폴스터는 zigzag의 변종을 zigsag이라 이름 붙였고 저자도 그대로 썼지만, 한국어로 사각 지그재그라 부르는 것이 더 나을 것 같아 여기서는 사각 지그재그로 표현했다.-옮긴이). 어떤 방법이든 신발 끈은 각 구멍을 정확히 한 번씩 통과한다.

폴스터는 여덟 가지 범주 이외에 다른 특징으로도 분류했다.

- **촘촘하게 :** 신발 끈이 단 한 번도 세로로 이동하지 않는다. 교차형, 지그재그, 별이 여기에 속한다.
- **단순하게 :** 신발 끈이 이웃한 구멍이나 위에 있는 구멍으로만 이동하지 아래로 내려오지 않는다. 그러므로 악마와 천사는 여기에 속하지 않는다.
- **나란하게 :** 신발 끈이 지그재그와 뱀처럼 구멍 쌍을 모두 가로

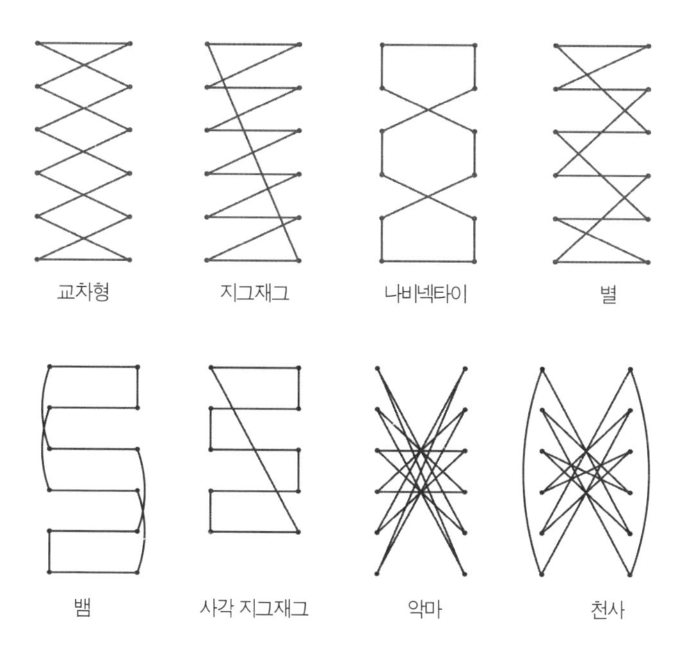

출처 : 폴스터

로 나란히 연결한다.

• **매우 나란하게 :** 신발 끈이 가로로 나란하고, 위아래의 이동은 오로지 세로로만(대각선도 안 된다.) 한다. 뱀이 그 예이다.

신발에 구멍이 둘씩 짝을 이뤄 총 네 개면 다음과 같이 세 가지 방법으로 묶을 수 있다.

출처 : 폴스터

매듭이론에서처럼, 신발 끈을 닫힌 모양의 밧줄로 볼 수 있다. 폴스터의 이론에서 신발 끈이 구멍에 꿰어질 때, 밖에서 안으로인지 안에서 밖으로인지는 중요하지 않다. 오직 어떤 구멍이 어떻게 연결되느냐만 중요하다. 닫힌 밧줄 한 곳을 가상으로 자르면 익숙히 잘 알고 있는 신발 끈을 얻게 된다. 왼쪽과 오른쪽 모양으로 신발 끈을 맨다면, 위쪽 두 구멍 사이의 줄을 자른 후 그 자리에 리본을 묶으면 된다.

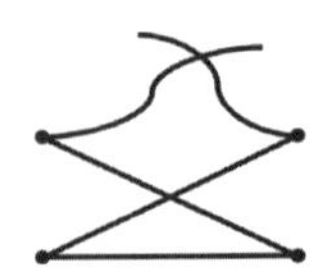

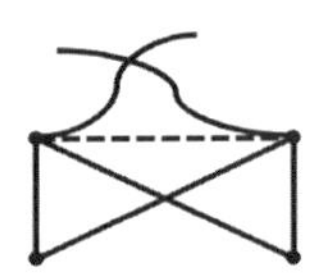

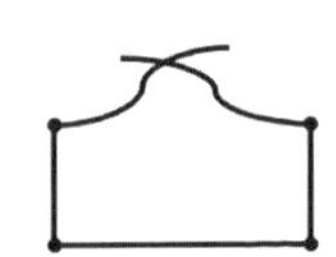

가운데 모양으로 신발 끈을 맨다면, 리본을 묶는 일이 조금 어려워진다. 두 대각선 중 하나를 자른 그 자리에 리본을 묶으면 리본이 대각선으로 생긴다. 우리에게 익숙한 위치에 리본을 묶고 싶으면, 위쪽 구멍 중 한 곳에서 자른 뒤 줄을 옆 구멍에 꿴다. 가로로 연결하는 이 추가적인 과정이 앞의 그림에서 점선으로 표시되었다. 이제 두 끝을 리본으로 묶으면 점선으로 표현된 가로선이 리본 뒤에 감춰진다. 이처럼 매듭이론을 실생활에 활용하려면 몇몇 추가적인 과정이 필요하다.

구멍이 세 쌍이면 경우의 수가 벌써 42개로 늘어난다.

다음의 그림에서는 42개 중 16개만 소개했고, 나머지 26개는 이 16개의 반사된 형태이거나 회전된 형태다. 보다시피 신발 끈 매

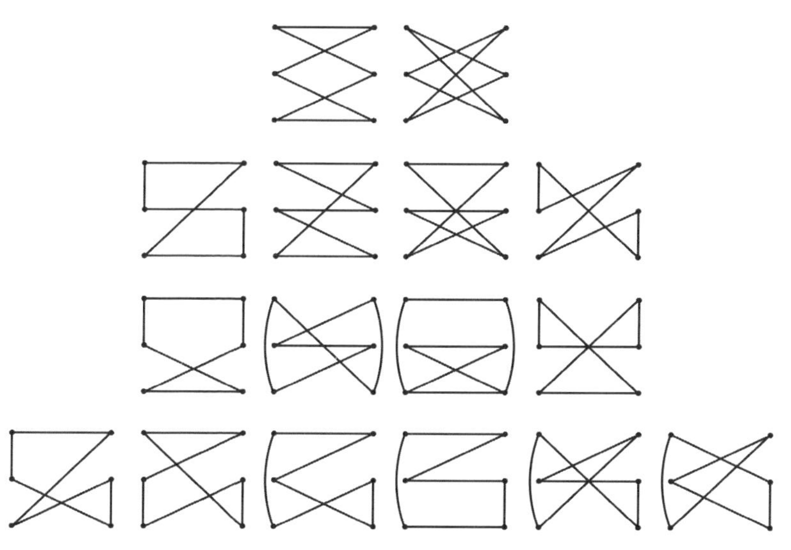

출처 : 폴스터

는 방법이 상상을 초월하게 복잡해질 수 있다.

폴스터에 따르면, 구멍이 여섯 쌍인 신발은 경우의 수가 370만 개나 된다. 구멍이 여덟 쌍이라면 127억 개! 이 수많은 경우 중에 우리가 이미 알거나 사용하는 방법보다 더 나은 방법이 있을까?

신발 끈을 단단히 묶는 방법, 그러니까 신발을 세게 조여 매는 방법은 놀랍도록 간단하다. 가장 빈번하게 이용되는, 교차형과 지그재그 방법이 가장 좋다. 그냥 보기에도 타당하지만 폴스터는 수학자의 꼼꼼함을 발휘해 이것을 설명했다.

그러나 단단함이 전부는 아니다. 가령 신발 끈이 짧은데 긴 끈을 구할 수 없으면 어떻게 해야 할까? 폴스터는 나비넥타이를 추천한다. 모든 구멍을 사용할 때, 어쨌든 이 방법이 가장 짧은 줄을 사용한다.

조깅을 즐기는 사람들은 신발이 너무 조이는 걸 싫어하는데, 발등을 누르는 압력이 높으면 신경과 혈관에 무리가 와 발등이 아플

구멍이 다섯 쌍인 신발 : 51,840개 경우의 수 중 네 가지

수 있기 때문이다. 이럴 땐 약간 느슨하게 묶는 게 좋은데, 대부분 맨 위쪽 구멍 두 쌍을 제외하고 리본을 묶는다.

신발이 작은 것도 아닌데 발톱이 아프다면, 지그재그 방법이 좋은 해결책이다. 새끼발가락과 가장 가까운 구멍에서 시작해서 곧장 반대편 맨 위에 있는 구멍으로 연결한다. 그런 다음 밑에서부터 모든 구멍을 꿰어 올라간다. 이렇게 하면 발가락 부분에 여유가 생긴다.

런닝화는 뒤꿈치 부분이 특별히 꼭 맞아야 하는데, '마라톤 묶기' 또는 '뒤꿈치 묶기'라고 불리는 방법이 적절하다. 아마 런닝화에서 이상하리만큼 뒤로 멀리 떨어져 있는 구멍 한 쌍을 본 적이 있을 것이다.

마라톤 묶기 때 이 구멍을 이용한다. 리본은 조금 밀려서, 그러니까 맨 마지막 구멍과 마지막에서 두 번째 있는 구멍 사이쯤에서 묶인다. 마지막에서 두 번째 구멍으로 나온 끈을 각각 바로 위에 있는 마지막 구멍의 밖에서 안으로 꿴다. 이때 생긴 고리를 써야

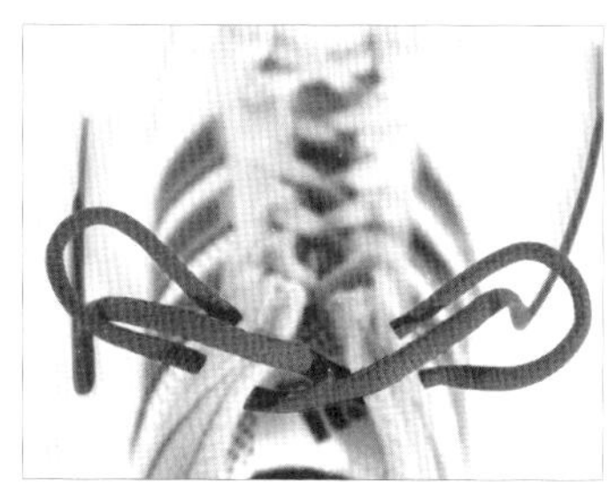
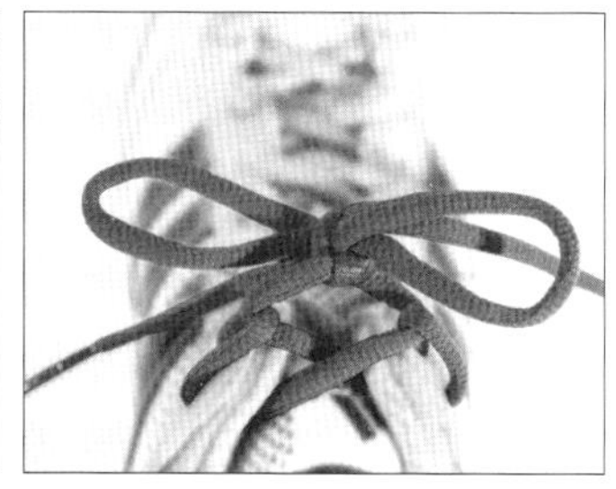

마라톤 묶기 : 뒤꿈치를 단단하게

하므로 끈을 단단히 당기지 않는다.

이제 양 끝을 각각 맞은편에 생긴 고리에 꿰어 밖으로 잡아당긴다. 103쪽의 왼쪽 사진처럼. 마지막으로 리본을 묶는다(103쪽 오른쪽 사진). 그러면 마지막에서 두 번째 구멍보다 살짝 위에 리본이 생긴다. 또한, 신발 끈이 리본 밑에서 한 번 더 교차하기 때문에 더 단단하다.

신발 끈에 대해 더 깊이 알고 싶으면, 폴스터의 책 《The Shoelace Book : A Mathematical Guide to the Best(and Worst) Ways to Lace Your Shoes》을 읽어라. 단, 번역본이 없으니 영어로 읽어야 한다.

●신사들을 위한 위상수학

일상에서 사용하는 매듭이라면 넥타이를 빼놓을 수 없다. 넥타이에서도 매듭이론이 중요한 역할을 한다. 넥타이 매듭의 다양성은 역사가 그리 깊지 않다. 1999년 영국의 세인트존스 칼리지의 두 물리학자가 〈네이처〉에 넥타이 매듭에 관한 논문을 발표했다. 토마스 핑크Thomas Fink와 용 마오Yong Mao는 85가지의 다양한 방법을 설명했다.

핑크와 마오는 더 나아가 넥타이 매듭에 관한 독특한 형식론을 개발했다. 복잡하게 들릴 수도 있겠지만 그렇지 않다는 걸 곧 확인하게 될 것이다.

넥타이를 맬 때 우리는 좁은 끝을 가만히 두고 넓은 끝을 늘 같

85가지 방법 중 어떤 방법으로 맬까?

은 방식으로 움직여 매듭을 만든다. 넥타이를 느슨하게 하려면 좁은 끝을 위로 조금 당기면 되고, 풀려면 매듭 밖으로 완전히 빼면 된다.

넥타이 매듭에서는 움직이는 넓은 쪽만 관찰하면 된다.

어떤 사람에게 넥타이를 매준다고 가정해보자. 이때 우리는 넓은 쪽이 오른쪽으로 가도록 넥타이를 목에 건다.

첫 번째 동작으로, 넓은 끝을 왼쪽으로 가져가 얌전히 늘어뜨려져 있는 좁은 끝과 교차시킨다. 이렇게 왼쪽으로 움직이는 동작을 L이라고 한다. 이때 두 가지 경우의 수가 생긴다. 넓은 끝을 좁은 끝 위에 놓는 경우와 아래에 놓는 경우. 위에 놓을 때는 Lo(o는 위를 뜻하는 oben의 약자)라고 하고 아래에 놓을 때는 Lu(u는 아래를 뜻하는 unten의 약자)라고 한다. 그러므로 첫 번째 동작은 Lo 아니면 Lu이다.

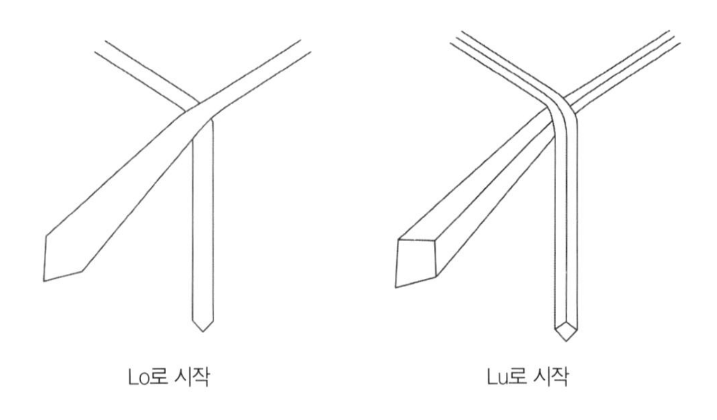

이때 주의할 것이 있는데, 두 경우에서 넥타이를 목에 거는 방법이 다르다. Lu로 시작하는 경우에는 넥타이의 뒷면, 그러니까 바느질 선이 보이도록 건다. Lo로 시작하는 경우에는 바느질 선이 보이지 않도록 건다.

다음 단계는 무엇일까? 움직이지 않는 좁은 끝이 가슴을 세 영역으로 나눈다. 매듭 위, 매듭 아래의 오른쪽, 매듭 아래의 왼쪽. 움직이는 넓은 끝은 매 단계를 마친 후 항상 세 영역 중 한 곳에 도착하고 그곳에서 다시 다른 영역으로 이동한다.

이동 가능성은 총 여섯 가지다. Lo와 Lu 이외에 당연히 Ro와 Ru가 있다. R은 움직이는 넓은 쪽이 고정된 좁은 쪽의 오른쪽 영역으로 이동하는 것을 뜻한다. 나머지 두 동작은 매듭을 지나 위로 이동하는 것인데, 이럴 경우 넓은 끝은 턱이나 목에 도착한다. 이 동작을 Z(중앙을 뜻하는 Zentrum의 약자)라고 한다. 그러므로 Zo는 매듭 앞을 지나 위로 올라가는 동작이고, Zu는 매듭 뒤를 지나 위로 올라가는 동작이다.

Lo, Lu, Ro, Ru, Zo, Zu

여섯 가지 동작을 완전히 자유롭게 조합할 수는 없다.

첫째, o 동작 다음에는 항상 u 동작이 따라야 하고 u 다음에는 언제나 o가 와야 한다. 움직이는 넓은 끝이 좁은 끝 밑으로 지났

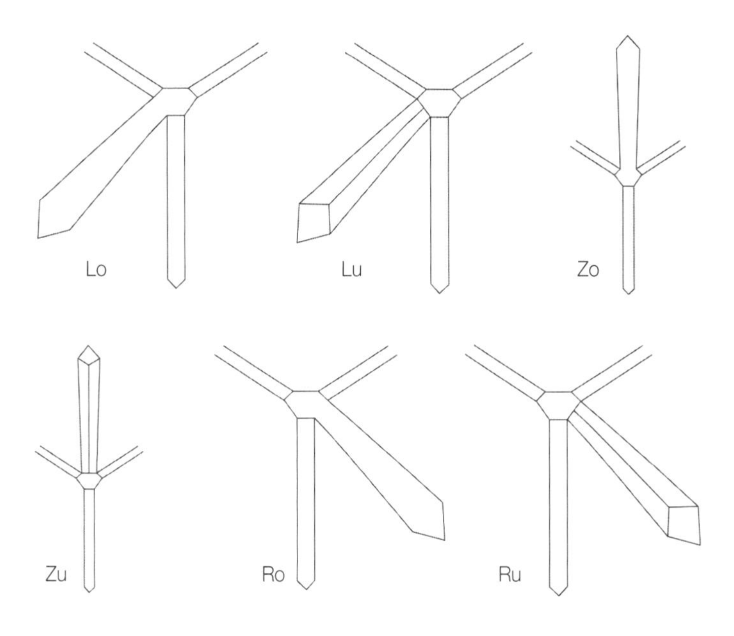

기본 동작 여섯 가지

으면 그다음에는 반드시 위로 지나야 한다. 둘째, 연속해서 같은 영역에 머물 수 없다. 그러므로 Lo-Lu, Ro-Ru, Zo-Zu는 불가능하다.

어떤 매듭이든 마무리 동작은 항상 똑같다. 넓은 끝이 좁은 끝을 완전히 한 바퀴 감아 마지막으로 매듭 밑을 지나 위로 이동(Zu)한다. 그런 다음 조금 전 매듭에 생긴 고리 사이를 통과하여 아래로 이동한다. 이 단계를 T라고 한다.

●좋은 조합

마지막 T 직전이 Zu이고 u와 o가 항상 교대해야 하므로 T와 Zu 두 동작 앞에는 정확히 두 가지 가능성이 있다. Ru-Lo 혹은 Lu-Ro. 이 두 단계에서 매듭에 고리가 생기고 마지막 T 단계에서 움직이는 넓은 끝이 여기를 통과한다. 그러므로 매듭은 항상 Ru-Lo-Zu-T 혹은 Lu-Ro-Zu-T로 마무리된다.

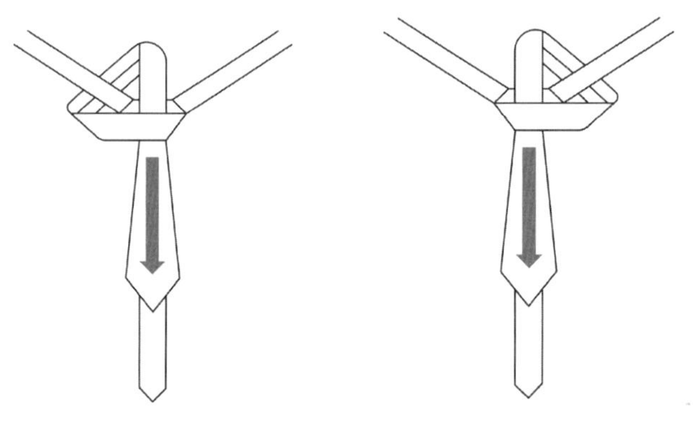

Ru-Lo-Zu-T로 마무리 Lu-Ro-Zu-T로 마무리

요약하면, 넥타이 매듭은 Lo, Lu, Ro, Ru, Zo, Zu 여섯 동작의 자유로운 조합이다. 단, Lo 혹은 Lu로 시작해서 Ru-Lo-Zu-T 혹은 Lu-Ro-Zu-T로 끝난다. 제한 조건은 단 두 개다. 첫째, u와 o는 서로 교대해야 하고 둘째, 연속해서 한 영역에 머물 수 없다.

●단순하고 간단하게 : 포인핸드

가장 널리 알려진 '포인핸드Four-in-hand'를 보자. 마지막 단계인 T를 제외하면(앞으로 모든 매듭에서 T를 제외할 것이다.) 포인핸드는 다음과 같은 네 단계로 구성된다.

Lo Ru Lo Zu

아마 대부분 포인핸드 방식으로 넥타이를 맬 것이다. 포인핸드는 좁고 날렵하다. 그리고 많은 사람이 이 방법밖에 모를 것이다.

두꺼운 매듭을 원하면 기본동작을 더 추가하면 된다. 예를 들어 포인핸드에서 Zu로 마무리하기 전에 Ru Lo 동작을 한두 번 더 반복할 수 있다. 그러면 다음과 같은 단계가 된다.

Lo Ru Lo Ru Lo Zu

Lo Ru Lo Ru Lo Ru Lo Zu

Z를 두 번 할 수도 있다. 단 o와 u가 항상 교대하도록 하려면

몇몇을 바꿔야 한다.

Lo Ru Lo Ru Lo Zu가 Lo Ru Zo Lu Zo Ru Lo Zu로 바뀐다.

그리고 Lo Ru Lo Ru Lo Ru Lo Zu는 예를 들어 Lo Ru Zo Lu Ro Zu Lo Ru Lo Zu가 된다.

단계가 늘어날수록 매듭이 두꺼워지고 넥타이 길이는 점점 더 짧아진다. 그러나 매기 전의 넥타이 길이는 대개 1.30미터에서 1.45미터 한정되어 있다. 그러므로 단계를 무한정 늘릴 수 없다. 토마스 핑크와 용 마오는 아홉 번으로 제한했다. 마지막으로 예를 들었던 Lo Ru Zo Lu Ro Zu Lo Ru Lo Zu는 열 번으로 이 제한을 초과한다.

●넥타이 매듭의 제한

최대 아홉 번으로 제한했을 때, 총 85개의 다양한 매듭이 가능하다. '오리엔탈'이라는 가장 간단한 매듭은 단 세 동작이면 가능하다. 포인핸드는 네 동작이 필요하다. 다음 표에서 동작 수에 따른 가능한 매듭 개수를 한눈에 조망할 수 있다.

가능한 조합이라고 해서 자동으로 보기 좋은 매듭인 건 아니

기본동작	3	4	5	6	7	8	9
매듭 개수	1	1	3	5	11	21	43

출처 : 핑크·마오

다. 이때 중앙을 통과하는 Z 동작의 수가 중요하다. Z 동작이 많을수록 매듭은 커진다. 그러므로 L과 R이 많고 Z가 한 번뿐인 조합은 좋은 선택이 아니다. 또한, 대칭도 중요하다. L과 R 동작의 수가 서로 비슷해야 한다. 그리고 마지막으로 핑크와 마오가 '공평성'이라 부른 규칙이 하나 더 있다. 공평성이란 동작방향의 조화로운 혼합을 뜻한다.

매듭 대부분이 미학적 조건에 못 미치더라도, 나는 당신에게 넥타이 매는 법 85개를 한눈에 조망하도록 해주고 싶다. 1부터 85까지 번호를 붙였고, 기본동작(B)의 개수와 중앙을 통과하는 Z 동작의 개수로 분류했다. 동작순서 외에 다음의 정보도 얻을 수 있다.

- **이름 :** 실제로 통용되는 매듭일 경우, '프랫'이나 '윈저' 등 해당하는 이름을 적어두었다.
- **S(대칭성) :** L과 R의 차이. 1이라고 적혔으면 두 동작 중 하나가 다른 동작보다 한 번 더 있었다는 뜻이다.
- **A(공평성) :** 움직이는 넓은 끝이 얼마나 자주 방향을 바꾸었는지를 나타낸다. 적게 바뀔수록 매듭이 예쁘다.
- **K(매듭 상태) :** 고정된 좁은 끝을 위로 완전히 빼면 매듭이 저절로 풀리는지를 나타낸다. 포인핸드는 저절로 풀린다. 그러나 모든 매듭이 다 그런 건 아니다.

번호	B	Z	동작순서	S	A	K	이름
1	3	1	Lu Ro Zu T	0	0	X	오리엔탈
2	4	1	Lo Ru Lo Zu T	1	1	0	포인핸드
3	5	1	Lu Ro Lu Ro Zu T	0	2	X	켈빈
4	5	2	Lu Zo Ru Lo Zu T	1	0	0	니키
5	5	2	Lu Zo Lu Ro Zu T	1	1	X	프랫
6	6	1	Lo Ru Lo Ru Lo Zu T	1	3	0	빅토리아
7	6	2	Lo Ru Zo Lu Ro Zu T	0	0	X	하프윈저
8	6	2	Lo Ru Zo Ru Lo Zu T	0	1	0	
9	6	2	Lo Zu Ro Lu Ro Zu T	0	1	X	
10	6	2	Lo Zu Lo Ru Lo Zu T	2	2	0	
11	7	1	Lu Ro Lu Ro Lu Ro Zu T	0	4	X	
12	7	2	Lu Ro Lu Zo Ru Lo Zu T	1	1	0	세인트 앤드류
13	7	2	Lu Ro Zu Lo Ru Lo Zu T	1	1	0	
…							
18	7	3	Lu Zo Ru Zo Lu Ro Zu T	0	1	X	플래츠버그
19	7	3	Lu Zo Ru Zo Ru Lo Zu T	0	2	0	
20	7	3	Lu Zo Lu Zo Ru Lo Zu T	2	2	0	
21	7	3	Lu Zo Lu Zo Lu Ro Zu T	2	3	X	
22	8	1	Lo Ru Lo Ru Lo Ru Lo Zu T	1	5	0	
23	8	2	Lo Ru Lo Zu Ro Lu Ro Zu T	0	2	X	캐번디시
24	8	2	Lo Ru Lo Ru Zo Lu Ro Zu T	0	2	X	
…							
31	8	3	Lo Zu Ro Lu Zo Ru Lo Zu T	1	0	0	윈저
32	8	3	Lo Zu Lo Ru Zo Lu Ro Zu T	1	1	X	
…							
42	8	3	Lo Zu Lo Zu Lo Ru Lo Zu T	3	4	0	

43	9	1	Lu Ro Lu Ro Lu Ro Lu Ro Zu T	0	6	X	
44	**9**	**2**	**Lu Ro Lu Ro Zu Lo Ru Lo Zu T**	**1**	**3**	**0**	**그랜체스터**
…							
53	9	2	Lu Zo Lu Ro Lu Ro Lu Ro Zu T	1	5	X	
54	**9**	**3**	**Lu Ro Zu Lo Ru Zo Lu Ro Zu T**	**0**	**0**	**X**	**하노버**
55	**9**	**3**	**Lu Ro Zu Ro Lu Zo Ru Lo Zu T**	**0**	**1**	**0**	
56	9	3	Lu Ro Zu Lo Ru Zo Ru Lo Zu T	0	1	0	
…							
77	9	3	Lu Zo Lu Zo Lu Ro Lu Ro Zu T	2	5	X	
78	**9**	**4**	**Lu Zo Ru Zo Lu Zo Ru Lo Zu T**	**1**	**2**	**0**	**발튀스**
79	9	4	Lu Zo Lu Zo Ru Zo Lu Ro Zu T	1	3	X	
…							
85	9	4	Lu Zo Lu Zo Lu Zo Lu Ro Zu T	3	5	X	

출처 : 핑크·마오

넥타이 매는 방법 85개를 잘 보면, 예쁜 매듭이 몇 개 안 된다는 걸 금세 알 수 있다. 우선 기본동작이 일곱 번을 넘어가고 중앙을 통과하는 Z 동작이 한 번뿐인 방법이 예쁜 매듭 후보에서 제외된다. L 동작과 R 동작의 차이를 나타내는 대칭성(S)이 0과 1이면 모양이 괜찮다.

핑크와 마오는 나름대로 예쁜 매듭의 기준을 정해 최종적으로 13가지를 간추렸다. 순전히 주관적인 선별이지만 그렇다고 아무거나 무작위로 고른 건 아니다. 이 매듭들은 적어도 이 분야에서는 상식에 속하기 때문이다.

번호	동작순서	이름	K
1	Lu Ro Zu T	오리엔탈	X
2	Lo Ru Lo Zu T	포인핸드	O
3	Lu Ro Lu Ro Zu T	켈빈	X
4	Lu Zo Ru Lo Zu T	니키	O
6	Lo Ru Lo Ru Lo Zu T	빅토리아	O
7	Lo Ru Zo Lu Ro Zu T	하프윈저	X
12	Lu Ro Lu Zo Ru Lo Zu T	세인트 앤드류	O
18	Lu Zo Ru Zo Lu Ro Zu T	플래츠버그	X
23	Lo Ru Lo Zu Ro Lu Ro Zu T	캐번디시	X
31	Lo Zu Ro Lu Zo Ru Lo Zu T	윈저	O
44	Lu Ro Lu Ro Zu Lo Ru Lo Zu T	그랜체스터	O
54	Lu Ro Zu Lo Ru Zo Lu Ro Zu T	하노버	X
78	Lu Zo Ru Zo Lu Zo Ru Lo Zu T	발튀스	O

출처 : 핑크·마오

다음의 사진은 넥타이 매는 방법 네 가지를 보여준다. 괄호 안의 숫자는 기본동작 개수를 뜻한다. 원한다면 13가지 방법으로 직접 넥타이를 매보라. 지금까지 사용했던 익숙한 방법보다 더 맘에 드는 방법을 찾게 될지도 모른다.

앞으로 새로운 방법으로 신발 끈이나 넥타이를 매지 않더라도, 이 장에서 우리는 수학이 매듭을, 글자 그대로 '풀 때' 어떤 도움을 주는지 보았다.

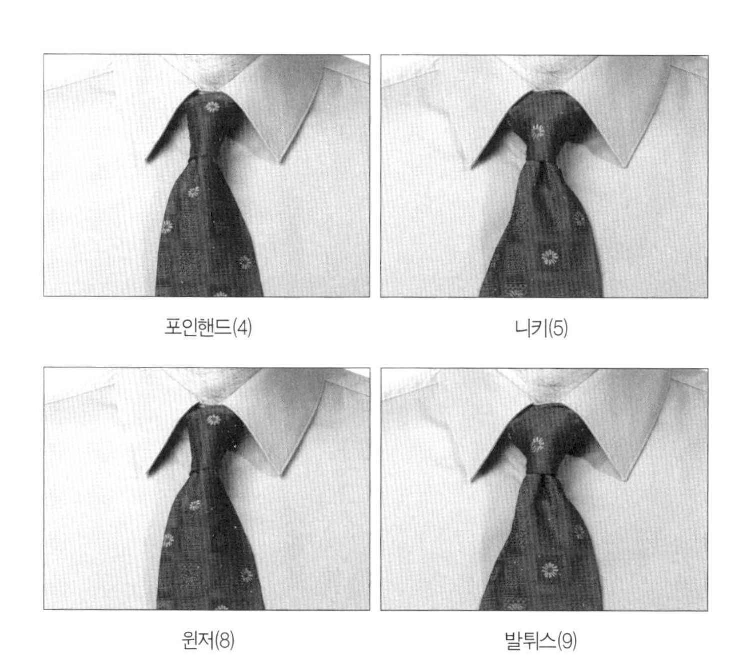

포인핸드(4) 니키(5)

윈저(8) 발튀스(9)

과제

과제 16

어릿광대가 노란색, 주황색, 초록색, 파란색, 보라색 신발 끈과 넥타이를 갖고 있다. 그는 신발 한 켤레를 각각 다른 색 끈으로 묶고, 넥타이도 신발 끈과 다른 색으로 매고자 한다. 총 몇 가지의 색 조합이 가능하겠는가? 왼쪽 끈을 오른쪽 끈으로 혹은 오른쪽 끈을 왼쪽 끈으로 바꾸는 것도 새로운 조합으로 인정한다.

과제 17

a와 b는 유리수이고 두 수는 2보다 크다.

ab〉a+b임을 증명하라.

과제 18

구멍이 여섯 쌍인 신발이 있다. 구멍 사이의 세로 간격은 1㎝이고 가로 간격은 2㎝이다. 고전적인 교차형으로 신발 끈을 매려 한다. 마지막 구멍을 꿰고 남은 신발 끈의 양 끝 길이가 각각 15㎝가 되게 하려면 신발 끈은 총 몇 ㎝여야 할까?

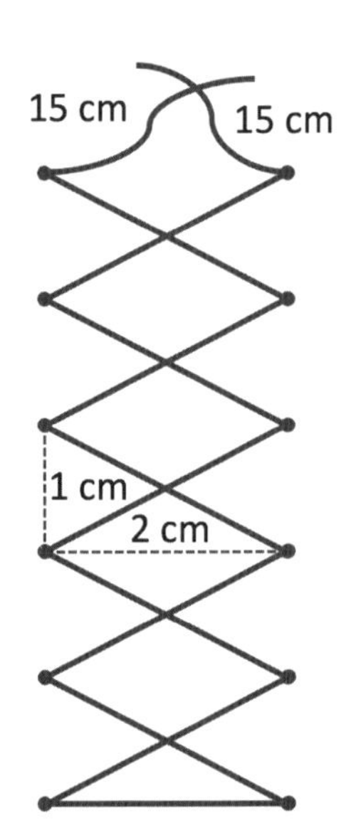

과제 19

아래 그림은 총 42가지 신발 끈 매는 방법 중에서 구멍 쌍이 세 개일 때 가능한 16가지 방법이다. 이 16가지 방법을 반사하거나 늘려서 만들 수 있는 나머지 26가지 방법을 찾아라.

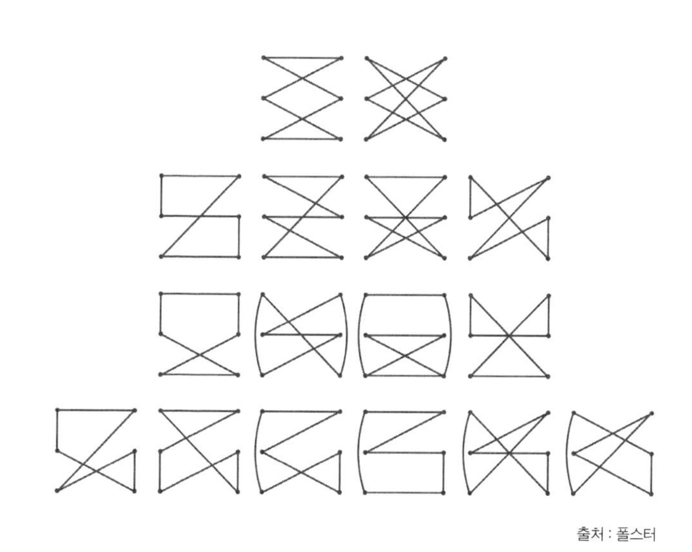

출처 : 폴스터

과제 20

대각선의 개수가 꼭짓점 개수의 3배인 다각형이 존재할까?

현금카드 비밀번호, 집 전화번호, 가족의 생일…… 온종일 숫자들이 머릿속을 헤집고 다닌다. 모든 숫자를 꼭 암기하고 있을 필요는 없다. 그러나 쉽게 암기할 수 있는 좋은 방법이 있다.

5 광속암기 숫자 암기법

나는 벌써 2014년 12월이 두렵다. 그때가 되면 은행이 새 현금카드를 보낼 것이고, 틀림없이 비밀번호도 바뀔 것이다(독일은 일반적으로 현금카드의 비밀번호를 은행이 정해준다. - 옮긴이). 지난번에 현금카드가 바뀌었을 때 생긴 일을 나는 아직도 생생히 기억하고 있다. 나는 슈퍼마켓 계산대에서 늘 하듯이 비밀번호를 입력했다. 옛날 비밀번호를.

비밀번호 오류신호가 떴을 때 비로소, 며칠 전에 현금카드가 바뀌었다는 사실이 생각났다. 그런데 새 비밀번호가 생각나지 않았다. 돈을 낼 수가 없다고 고백하고, 쇼핑한 물건을 모두 되돌려주어야 했다. 얼굴이 화끈거렸다. 이 모든 것이 숫자 네 개를 외우지 못했기 때문이다.

그 후로 그런 실수는 다행히 일어나지 않았지만, 옛날 비밀번호가 여전히 유령처럼 내 머릿속을 떠다닌다. 그 사이 고객에게 비밀번호를 정하도록 하는 은행들이 생겨났다. 그래서 1234 혹은 생년월일을 비밀번호로 정할 수 있지만, 도둑이 카드를 훔쳐 돈을 몽땅 털어가도 놀라지 마라. 비밀번호는 정말 신중하게 정해야 한다.

나는 비밀번호와 비슷한 문제를 전화번호에서도 겪는다. 사용한 지 벌써 3년이 되었는데도 나는 아직 집 전화번호를 외우지 못한다. 번호를 쉽게 저장할 수 있는 휴대전화 때문이다. 친구나 지인들의 전화번호를 모두 암기해야 한다면, 차라리 통화를 포기하고 말 것이다.

그러나 어렵지 않게 수백 개 더 나아가 수천 개 숫자를 암기하는 사람들이 있다. 마이케 두흐Meike Duch가 그런 사람에 속한다. 나는 2005년 함부르크에서 그녀를 처음 만났다. 당시 그녀는 요가, 저글링, 외발자전거 그리고 기억력 훈련에 심취해 있었다.

두흐는 2004년 9월에 원주율 파이의 소수점 이하 숫자 5,555개를 약 일곱 시간에 걸쳐 기록했다. 종이와 연필만 주어졌고 그녀는 모든 숫자를 외워서 기록해야 했다.

그녀가 어떤 능력을 발휘했는지 대략 상상할 수 있게 원주율의 첫 500자리 숫자만 적으면 다음과 같다.

3.1415926535 8979323846 2643383279 5028841971 6939937510
5820974944 5923078164 0628620899 8628034825 3421170679
8214808651 3282306647 0938446095 5058223172 5359408128
4811174502 8410270193 8521105559 6446229489 5493038196
4428810975 6659334461 2847564823 3786783165 2712019091
4564856692 3460348610 4543266482 1339360726 0249141273
7245870066 0631558817 4881520920 9628292540 9171536436
7892590360 0113305305 4882046652 1384146951 9415116094
3305727036 5759591953 0921861173 8193261179 3105118548
0744623799 6274956735 1885752724 8912279381 8301194912

두흐는 이것의 11배나 되는 숫자 무리를 외워서 기록했다!

5,555개는 당시 독일 최고기록이자 여자 세계기록이었다. 두흐의 취미가 기이해 보일 수도 있겠지만, 이 세상에 감탄과 열정으로 숫자 무리를 암기하는 사람이 그녀만 있는 건 아니다. 원주율 암기 세계 순위도 있다. 현재 세계 1위는 중국의 차오 루Chao Lu다. 그는 원주율의 소수점 이하 67,890번째 자리까지 정확히 암기한다.

당연히 두흐와 루는 긴 숫자 열을 머릿속에 넣기 위해 트릭을 사용한다. 바로 그런 암기 트릭을 이 장에서 다루고자 한다.

앞에서 언급했던 비밀번호와 전화번호 암기부터 시작해보자. 어떻게 하면 전화번호를 쉽게 외울 수 있을까? 나는 우선 눈에 띄는 패턴을 찾는다.

- **배열순서 :** 비밀번호로 많이 이용되고 있어서 비밀번호로 권하고 싶지 않은 1234 배열이 있을 수 있다. 당연히 8765처럼 거꾸로 된 배열도 가능하다. 혹은 1357처럼 하나씩 건너뛰는 배열도 있다. 이런 식의 배열이 있는지 먼저 확인한다.
- **반복 :** 같은 숫자가 여러 번 등장한다. 예를 들어 전화번호가 48539485라고 가정해보자. 이것을 485 39 485라고 떼어서 외우면 훨씬 쉽다.
- **반사 :** 34의 반사는 43이다. 유심히 보면 언제든 이런 반사를 발견해낼 수 있다. 예를 들어 45875433. 45로 시작해서 87이 나오고, 그다음 45의 반사인 54 그리고 마지막에 33이 온다.
- **연속 :** 37756378처럼 연속되는 두 숫자가 등장한다. 377 56

378이라고 구분을 지어 외우면 쉽다. 두 자리 혹은 세 자리가 연속되면 당연히 더 쉽게 외울 수 있다.

• **특별한 수 :** 숫자는 그냥 숫자가 아니다. 어떤 숫자는 특별한 것과 연결되기에 금방 눈에 띄기도 한다. 1945, 1989, 혹은 유명한 축구선수의 등번호들이 그 예다. 소수도 특별한 수의 범주에 들어간다. 소수를 잘 아는 사람에게 31이나 101은 숫자 더미 속에서 불쑥 솟은 등대처럼 보일 것이다. 또한, 제곱수와 세제곱수를 이미 암기하고 있다면 도움을 받을 수 있다. 144는 12^2이고, 125는 5^3이고 729는 9^3이다.

원주율의 소수점 이하 숫자 열 개를 암기해보자.

3.1415926535……

10개의 숫자는 14 15, 즉 '순서'대로 시작한 다음 한 자리씩 건너뛰면서 9…6…3이 이어진다. 그리고 그 사이사이에 2…5…5…가 들어간다. 그러므로 14-15, 9-6-3 그리고 마지막으로 255를 암기한다. 원주율의 소수점 이하 숫자 열 개를 소화하기 쉽게 요리하는 방법은 당연히 여러 가지다. 이것은 한 예에 불과하다.

그러나 이런 방법은 애석하지만 모든 수에 통하는 것은 아니다.

●암기기술

비밀번호와 전화번호를 암기하는 트릭에서 우리는 우연한 숫자열을 무턱대고 외우는 일이 매우 힘들다는 당연하지만 중요한 사실을 확인했다. 우리는 암기를 도와줄 지지대가 필요하다. 가령 숫자 열에 특정 패턴이 있으면 암기는 훨씬 쉬워진다. 숫자가 아니라 발견한 패턴이나 규칙을 외우면 된다.

규칙에만 의존하지 않고 인간의 연상능력과 상상력을 이용할 수 있다. 특히 감정을 자극하는 상상은 뇌에 강하게 각인된다. 냄새, 소리, 색 같은 세세한 디테일을 우리는 어렵지 않게 몇 년씩 기억할 수 있다. 반면 비밀번호 네 자리는 중요하다는 걸 잘 알면서도 하룻밤 자고 나면 또 잊어버린다.

기억을 도와주는 기발한 방법으로 이른바 '기억술mnemonic trick'이라 불리는 암기기술들이 있다. 앞에서 다루었던 패턴들뿐 아니라 암기를 쉽게 해주는 모든 트릭들도 일종의 기억술이다. 태양계 행성을 암기할 때 사용하는 문장을 잘 알고 있으리라.

"Mein Vater erklärt mir jeden Sonntag unsere neun Planeten(나의 아버지는 내게 일요일마다 우리의 아홉 행성에 대해 설명해주었다. 한국에서는 '수금지화목토천해명'으로 첫 글자만 따서 외우지만, 독일에서는 이 문장으로 외운다. - 옮긴이)."

각 단어의 첫 글자가 Mercury(수성), Venus(금성), Earth(지구), Mars(화성), Jupiter(목성), Saturn(토성), Uranus(천왕성), Neptune(해왕성), Pluto(명왕성)를 나타낸다. 그리고 태양계 배열

순서와도 정확히 일치한다. 수성이 태양에서 가장 가깝고 명왕성이 가장 멀리 떨어져 있다.

그러나 이 문장은 2006년 이후로 더는 사용할 수 없다. 천문학자들이 2006년에 명왕성을 '왜소 행성'으로 등급을 낮추었다. 비슷한 크기의 천체들이 명왕성 근처에서 여러 개 발견되었는데, 명왕성의 등급을 낮추지 않으면 이 천체들도 모두 명왕성 급의 행성으로 정의해야 했기 때문이다. 다행히 위키백과에 행성 암기를 도와주는 새 문장이 이미 소개되었다.

"Mein Vater erklärt mir jeden Sonntag unsere Nachthimmel (나의 아버지는 내게 일요일마다 우리의 밤하늘에 대해 설명해 주었다.)."

이런 식의 암기문장은 숫자암기에도 적합하다. 예를 들어 비밀번호 2438을 외울 때 나는 z v d a로 시작하는 단어 네 개로 문장 하나를 만든다(한국에서는 이, 사, 삼, 팔로 시작하는 단어 네 개로 문장 하나를 만들면 된다. 가령 이모가 사탕을 삼촌에게 팔았다. - 옮긴이).

zwei(2), vier(4), drei(3), acht(8)

나는 다음과 같은 문장을 궁리해냈다.

Zebras verlieren die Angst(얼룩말이 무서운 걸 모른다.).

그리고 스펙터클한 장면을 상상한다. 사자가 사바나 초원에서 얼룩말을 공격한다. 얼룩말이 처음엔 도망을 치다 갑자기 돌아서서 사자를 밟아버린다!

237943을 외우려면 z d s n v d로 시작하는 단어 여섯 개로 문장을 만들어야 한다.

zwei(2) drei(3) sieben(7) neun(9) vier(4) drei(3)

Zwei drollige Siebenschläfer naschen viele Donuts.

(뚱뚱한 산쥐 두 마리가 도넛을 너무 많이 먹는다.)

zwei와 sieben을 그대로 사용한 것이 이상한가? 물론 zwei 대신에 z로 시작하는 다른 단어, 가령 zerzauste(털이 헝클어진) 같은 단어를 써도 된다. 그러나 sieben은 혼동을 막으려고 일부러 넣었다. 6을 뜻하는 Sechs와 7을 뜻하는 Sieben이 모두 s로 시작하기에 암기문장에 그냥 s로 시작하는 단어 가령 Schüler(학생)를 쓰면, 이것이 6을 대표하는지 7을 대표하는지 헷갈리지 않겠는가.

Siebenschläfer를 쓰면 고민할 것도 없이 바로 7을 대표한다는 걸 알 수 있다. 6을 대표하는 단어로는 Sixpack(식스팩), Sextant(육분의), Sect(종파) 혹은 Sexcolumnist(섹스칼럼니스트)를 추천한다.

●숫자 대신 상징

이미 알고 있겠지만, 마이케 다흐 같은 기억력 도사들은 암기문장을 만들지 않는다. 암기문장을 만든다면 문장이 너무 길어질 수밖에 없고, 마이케 다흐의 경우 5,000단어가 넘는데 그 많은 단어를 잊어버리거나 혼동하지 않는 것이 더 힘들 것이다. 그러므로 이런 대형 과제를 위해서는 다른 암기기술을 써야 한다.

숫자 기억술 중에는 숫자를 상징물로 대체하는 방법이 있다. 예를 들어 0을 보며 공을 연상하고, 0을 공으로 대체한다. 0과 공은 모양이 비슷하다. 2는 백조로 변한다. 백조의 목이 2와 비슷하게 생겼다. 02를 외우고 싶으면, 먼저 공이 나오고 그다음 백조가 등장하는 어떤 상황이나 짧은 이야기를 상상한다.

이런 식의 '숫자-상징 시스템'은 초보자들에게 안성맞춤이다. 기본 상징이 열 개인데, 거의 모두 대체할 숫자와 비슷한 형태이거나 자동으로 연상되는 상징들이다. 예를 들어 6은 주사위인데, 주사위의 면이 여섯 개이기 때문이다.

'숫자-상징 시스템'은 숫자암기보다 목록암기에 이상적이다. 강연할 때 원고를 보지 않고 자유롭게 말을 이어가려면 여덟 개 혹은 열 개의 요점들을 순서에 맞게 기억하고 있어야 한다.

비록 숫자암기를 중심에 두진 않지만, '숫자-상징 시스템'을 짧게 소개하고자 한다. '숫자-상징 시스템'이 원주율 암기에 쓰이는 '메이저시스템'으로 안내하기 때문이다. 각 숫자와 상징을 연결해 보자. 연상되는 상징은 여러 개로 어떤 것을 쓸지는 각자의 몫이

번호	기본상징	대안으로 쓸 수 있는 상징
0	공	자루, 오렌지, 달걀
1	양초	야구방망이, 기둥, 연필, 만년필, 지팡이, 나무
2	백조	호스
3	삼지창	수갑, 엉덩이, 이중 턱
4	의자	돛단배, 네 잎 클로버
5	손	갈고리
6	주사위	코끼리(코, 다리 넷, 꼬리), 골프채(머리를 아래로 했을 때), 버찌, 호루라기
7	일곱 난쟁이	깃발, 절벽, 낚시, 부메랑, 낫
8	눈사람	모래시계, 프레첼, 안경, 롤러코스터, 거미(다리 개수)
9	테니스라켓	정자, 올챙이, 골프채(머리를 위로 했을 때), 고양이(아홉 번 환생), 볼링(핀 개수)

다. 단, 나중에 혼동하지 않으려면 일단 한번 선택한 상징은 계속 유지하는 것이 좋다.

'숫자-상징 시스템'의 활용법을 살펴보자. 비밀번호 2438을 외운다고 가정하면, 앞에서 우리는 'Zebras verlieren die Angst.'라는 암기문장을 이용했다. 이제 우리는 백조(2)를 상상한다. 그리고 백조가 의자(4)에 앉아 있고 삼지창(3)을 빤히 보는데 삼지창을 눈사람(8)이 들고 있다. 장면을 상상할 때 순서에도 주의해야 한다. 그래야 비밀번호가 맞다.

'숫자-상징 시스템'을 이용하면 어떤 단어든 주어진 순서대로 암기할 수 있다. 이 시스템이 개발된 이유이기도 하다. 그러나 목록암기를 위해서는 앞의 상징표를 완전히 외우고 있어야 한다. 다음 다섯 단어를 주어진 순서대로 외워보자.

1) 자전거
2) 축구
3) 교회
4) 저녁 식사
5) 빵

단어들 하나하나를 스펙터클한 장면으로 대체해야 한다. 단 장면 속에는 순서를 알 수 있는 상징도 들어가야 한다. 가령 1)이면 자전거와 양초가 같이 등장해야 한다. 상상력을 많이 발휘할수록, 장면이 특이하고 괴상할수록 쉽게 암기할 수 있다.

- **자전거와 양초 :** 수십 개의 양초 위에서 타고 있는 자전거를 상상하라. 은은한 향이 나는 초면 더욱 좋다.
- **축구와 백조 :** 하얀 백조 11마리와 검은 백조 11마리가 축구경기를 한다면 어떨까?
- **교회와 삼지창 :** 좀 과격한 상상인데, 신자들로 가득한 교회에서 삼지창을 든 악마가 난동을 부린다.
- **저녁 식사와 의자 :** 호수 위에 떠 있는 신비한 의자를 상상하라. 그 의자에 앉아 황홀한 경치를 보며 포도주와 스테이크를 먹는다.

• **빵과 손 :** 제과점에 진열된 빵을 보고 있는데, 빵 사이로 갑자기 수십 개의 손이 불쑥 솟아 빵을 마구 던진다.

상상력을 맘껏 펼쳐라! 무엇이든 상상할 수 있다. 에로틱한 장면, 위험한 상황, 비현실적 환경. 각각의 상황을 몇 초간 머릿속에 떠올리면 그 장면은 머릿속에 각인된다. 목록을 불러내고 싶으면 1을 상징하는 양초만 떠올리면 된다. 그러면 자전거가 저절로 같이 떠오른다. 그 다음엔 백조(축구경기장), 삼지창(교회에 있는 악마)…….

직접 해보라. 나는 하루가 지나서도 상징의 도움으로 목록을 쉽게 떠올릴 수 있었다.

● 기억술-메이저시스템

암기를 하려면 상상력이 필요하다. 상상력은 '메이저시스템'을 이용해서 숫자를 암기할 때 특히 유용하다. '숫자-상징 시스템'처럼 상징을 이용하지만 숫자와의 형태적 유사성이 아니라 발음을 고려한다.

'메이저시스템'을 이용하면 숫자를 단어로, 단어를 숫자로 자유롭게 바꿀 수 있다. 모든 숫자에 자음발음을 배정하는데, 6의 경우 sch, ch 같은 치음에 j도 같이 배정한다. w, h, y는 예외적으로 모음으로 취급한다.

숫자	발음	비고
0	s, z, ß, ss, c	영어의 zero
1	t, d, th	t는 1과 비슷하게 생겼다.
2	n	n은 기둥이 두 개다.
3	m	m은 기둥이 세 개다.
4	r	영어 four는 r로 끝난다.
5	l	로마자 L은 50을 뜻한다. L은 엄지를 세운 손을 닮았고 손은 다섯 손가락을 가진다.
6	ch, j, sch, g(약한 발음)	sechs(6) 안에 sch가 있다. j(영어발음)와 g(영어발음)는 젝스(6)와 첫 발음이 같다.
7	k, ck, g(강한 발음), c(강한 발음)	행운(Glück)의 수 7에는 g와 ck가 있고 대문자 K는 7 두 개를 모아놓은 모습이다.
8	f, v, w, ph	V8 엔진
9	p, b	9는 p의 반사이고, b를 180도 돌린 모양이다.

0을 대표하는 단어는 예를 들어 s가 정확히 한 번 나오고 다른 자음이나 발음이 없어야 한다. Oase(오아시스)를 써도 좋고 See(호수)나 Sau(행실이 나쁜 여자) 등도 괜찮다. 1에는 Tee(차)나 Tau(이슬)를 쓸 수 있다.

10을 단어로 바꾸고 싶으면 Tasse(컵)를 쓸 수 있다. 앞글자 t가 1을 상징하고 이중 자음 ss가 0을 상징한다. 40이면 Rose(장미), Reis(쌀), Russe(러시아인)를 쓰고, 97이면 Puck(아이스하키 퍽)이나 Backe(뺨)을 쓴다.

104097을 외운다고 가정하면, Tasse, Rose, Puck 세 단어면

된다. 그러나 세 단어를 그냥 외우지 않는다. 그것은 숫자를 그냥 외우기만큼 어렵다. 세 단어가 나란히 등장하는 장면을 상상하고 이야기를 만들어낸다.

104097이면 다음과 같은 상황을 상상할 수 있다.

우리는 조잡한 장식이 달린 옛날 컵(Tasse)을 앞에 두고 앉았다. 컵에는 장미(Rose)가 그려져 있다. 이곳은 아이스링크인데, 갑자기 퍽(Puck)이 날아와 컵을 산산조각 냈다. 관중들이 일제히 비명을 질렀다. 조잡해 보이는 컵이지만 매우 비싼 골동품이었던 것이다.

코드	0	1	2	3	4	5	6	7	8	9
단독 코드	Zoo 동물원	Tee 차	Huhn 닭	Oma 할머니	Ohr 귀	Allee 가로수길	Asche 재	Kuh 소	Ufo 유에프오	Boa 보아 뱀
0+ 코드	SOS	CD	Zahn 치아	Sumo 스모	Zorro 조로	Saal 강당	Seuche 전염병	Socke 양말	Seife 비누	Zippo 지포 라이터
1+ 코드	Tasse 컵	Tod 죽음	Tanne 전나무	Damm 댐	Tor 성문	Hotel 호텔	Tasche 가방	Theke 판매대	Taufe 세례	Taube 비둘기
2+ 코드	Nase 코	Hand 손	Nonne 수녀	Nemo 니모	Nero 네로	Nil 나일강	Nische 벽감	Enge 좁은 틈	Nivea 니베아	Neubau 신축건물
3+ 코드	Moos 이끼	Matte 매트	Mohn 양귀비	Mumie 미라	Meer 바다	Mühle 제분기	Masche 그물코	Mac 맥	Mafia 마피아	Amöbe 아메바
4+ 코드	Rose 장미	Radio 라디오	Ruine 폐허	Rum 럼주	Rohr 파이프	Rolle 역할	Rauch 연기	Rock 치마	Riff 암초	Rabe 까마귀
5+ 코드	Lasso 올가미	Lotto 로또	Leine 노끈	Leim 아교	Leier 칠현금	Lolli 막대사탕	Leiche 시체	Lego 레고	Lava 용암	Laub 잎
6+ 코드	Schuss 발사	Schotte 차문	Scheune 헛간	Schaum 거품	Schere 가위	Schal 스카프	Scheich 족장	Jacke 재킷	Schaf 양	Chip 칩
7+ 코드	Käse 치즈	Kitt 시멘트	Kino 영화관	Gummi 고무	Chor 합창	Keule 곤봉	Koch 요리사	Geige 바이올린	Kaffee 커피	Kappe 모자
8+ 코드	Fass 나무통	Fit 꼭 맞음	Föhn 드라이기	WM 월드컵	Feuer 불	Falle 함정	Fisch 물고기	Waage 천칭 저울	Waffe 무기	Wippe 시소
9+ 코드	Bus 버스	Bett 침대	Bohne 콩	Baum 나무	Bär 곰	Pool 수영장	Bach 개울	Puck 아이스하키 퍽	Pfau 공작새	Baby 아기

어떤 이야기를 지어내든 장면을 생생하게 떠올릴 수 있어야 하고 아주 괴상해야 한다. 그래야 잘 기억할 수 있다. 냄새, 소리, 감정 등을 같이 상상하면 더 효과적이다.

메이저시스템을 이용하려면, 숫자와 발음을 자다가도 댈 수 있을 만큼 완전히 꿰고 있어야 한다. 그리고 더욱 발전된 수준을 원한다면, 0에서 99까지의 매트릭스도 완벽하게 외워야 한다.

133페이지의 표는 메이저시스템에서 두 자릿수를 어떻게 코드화할 수 있는지 보여주기 위해 만든 것이다. 거의 모든 기억력 도사들이 이런 표를 직접 만들어 이용한다. Tasse-Rose-Puck을 써도 되지만 Dose-Russe-Backe도 가능하다. 중요한 것은 이런 표를 머릿속에 암기하고 있어야 한다는 것이다.

메이저시스템 한국어 버전

숫자	자음	비고
0	ㅇ, ㅎ	0과 ㅇ은 모양에서 벌써 똑같다. ㅎ도 물론.
1	ㅈ	제일 먼저 나오는 숫자가 1이므로 제일의 ㅈ
2	ㄹ	비슷한 모양
3	ㄷ, ㅌ	삼지창 모양의 ㅌ, ㄷ은 ㅌ의 가족
4	ㅅ	'사'니까
5	ㄴ	발음상 'ㅗ'가 ㄴ과 유사하다.
6	ㅁ	6은 주사위, 주사위는 네모나다.
7	ㅊ	'칠'이니까
8	ㅂ, ㅍ	'팔'이니까. ㅂ은 ㅍ의 가족
9	ㄱ	'구'이니까.

0에서 99까지(각자 자기에게 편한 단어로 만들어 사용한다.)

	0	1	2	3	4	5	6	7	8	9
	알	징	링	탈/달	살	논	문	칡	팥/밭	굴
0	오이	아점	오리	야동	이사	오늘	잇몸	아침	양평	야구
1	종이	지진	자라	지도	장사	장롱	지문	잡초	장판	지갑
2	레일	렌즈	랠리	리더	로션	러닝	라면	린치	램프	레게
3	태양	타잔	달력	두통	동생	두뇌	대문	대추	대파	당근
4	송이	소주	소라	사탕	새싹	소년	신문	쑥차	소파	사과
5	냉이	낮잠	노랑	노트	뉴스	누나	나무	나초	나팔	날개
6	문어	모자	모래	미팅	몸살	마늘	모모	마차	목포	모기
7	청어	창자	초롱	침대	책상	처녀	치마	칭찬	칡밭	축구
8	파일	바지	파리	파도	버스	바늘	피망	포차	볼펜	복근
9	게임	거지	그림	구두	가슴	그늘	구멍	기차	굴비	감기

활용 예1 : 긴 국제전화번호, 가령 49 95 15 19 19 41을 외운다면, 사과 가슴 장롱 지갑 지갑 소주로 기억에 잘 남는 이야기를 만든다. "사과를 가슴에 넣어 글래머 몸매를 만들고 장롱을 여니 지갑이 두 개다. 소주 먹고 취해 남의 것까지 들고 왔나 보다."

활용 예2 : 글자를 숫자로 만들어 비밀번호를 생성할 수 있다. 예를 들어 대한민국은 3069가 된다.

원주율 암기 도사 마이케 두흐에게 다시 돌아가 보자. 그녀도 메이저시스템을 이용했다. 앞에서 소개한 것과 다른 것이긴 하지만 원리는 같다. 그녀는 이야기를 만들어냈고, 그 뒤에 숫자가 숨어 있다.

상징들이 뒤죽박죽으로 섞이지 않게 그녀는 박물관을 관람하며 함부르크를 관광하는 코스에 상징을 연결했다.

상상 관광이 시작되자, 첫 번째 모퉁이에서 우체통에 앉아 있는 제우스를 만나고, 제우스는 타이탄들과 결투 중이다. 대문 앞에서 돌고래가 춤을 추고, 횡단보도에는 맛있는 머핀이 널려 있다.

두호는 함부르크 근교의 알스터도르프를 지나 공항까지 걸은 후 그곳에서 항구까지 차로 이동하여 알스터 강 주변을 산책한다. 모퉁이를 돌 때마다 다른 사람들은 보지 못하는 것을 본다. 원주율의 소수점 이하 5,555번째 자리까지의 숫자를 상징하는 것들이 그녀의 머릿속에 차곡차곡 저장된다. 원주율이 함부르크 일부가 된다.

"상상한 상황이 괴상할수록 더 쉽게 기억할 수 있어요."

두호가 내게 귀띔해주었다. 누구의 눈치도 볼 것 없다. 특히 어른들은 상상을 무의식중에 검열하고 무난한 것으로 바꾸기도 할 테지만 아이들은 분명 거칠 것 없이 상상을 펼칠 것이다.

메이저시스템의 상징 100개를 일단 머릿속에 확실히 넣었으면 도시 곳곳에 배열하는 일은 훨씬 빨리 진행된다.

"하루에 500에서 1,000개까지 외울 수 있을 거예요."

두호가 장담했다. 그러나 확률은 99퍼센트다. 100퍼센트를 채우기 위해서는 반복할 수밖에 없으리라. 어쨌든 두호는 5,555개 숫자를 100퍼센트 확실히 암기하는 데 2주가 채 걸리지 않았다고 한다.

● 기억술-장소법

거리나 대형 건물 안을 걷는 것도 기억술에 속하는데 '장소법'이라 부른다. 이 장을 마무리하면서 짧게나마 장소법을 소개하고자 한다. 장소법은 숫자를 암기하는 데 적합할 뿐 아니라 다양한 목적에 활용할 수 있다. 이름, 순서, 사물을 외울 수 있고 능통해지면 책을 통째로 암기할 수도 있다.

추측건대 이 방법은 고대 그리스 시인 시모니데스Simonides로부터 비롯되었다. 로마의 사상가이자 철학자인 키케로가 《변론가론De Oratore》에, 시모니데스가 장소 기억법의 정확성을 알게 된 비극적인 사건을 기록했다.

스코파스Skopas가 연 잔치에 초대된 시모니데스는 시를 지어 낭송했다. 그러나 스코파스는 약속한 돈의 절반만 주면서, 나머지 절반은 시에서 찬양된 카스토르Kastor와 폴룩스Pollux 쌍둥이에게서 받으라고 말했다. 잠시 후 시모니데스는 밖에서 두 남자가 그를 기다린다는 얘기를 전달받고 나왔지만 아무도 없었다.

그가 나온 사이 지붕이 내려앉아 잔치에 참석했던 많은 사람이 매몰되었다. 스코파스를 포함해 매몰된 사람 모두가 죽었다. 시체가 너무 많아 누가 누구인지조차 확인하기 힘들었다. 그러나 시모니데스가 신원을 확인해 주었다. 그는 누가 어디에 앉았었는지 정확히 기억했다.

장소법은 공간 기억능력을 이용한다. 대략 다음과 같이 진행된다. 어떤 공간, 길 혹은 거대한 건물을 상상한다. 공간은 진짜여도 되고 지어낸 것이어도 된다. 암기하고자 하는 단어를 공간 곳곳에 보관한다. 단어를 떠올리고 싶으면 보관한 곳에 가보면 금세 찾게 된다.

꾸준히 활용하면, 기억력이 확실히 좋아질 것이다. 건물이 점점 커지고 길이 점점 길어질 것이다. 기억한 내용을 잊지 않으려면 기억 속의 건물이나 길을 자주 가보면 된다. 한 바퀴 돌 때마다 기억이 환기될 것이다.

키케로도 장소법의 애용자였다. 책이 부족했기에 고대에 학자들은 많은 것을 암기해야 했고, 이런 기발한 기억술이 있어야 가능한 일이었다. 숫자를 암기하기 위한 메이저시스템은 한참 후에 개발되었다. 프랑스 수학자 피에르 헤리곤Pierre Hérigone(1580~1643)과 스타니슬라우스 민크 폰 웬스쉐인Stanislaus Mink von Wennsshin(1620~1699)이 메이저시스템의 개발자로 알려졌다.

기억술을 조사하면서 나는 중요한 사실을 깨달았다.

'우리는 뇌에 대해 잘 모르기 때문에 뇌의 능력을 과소평가한다.' 그렇다고 이제부터 파이의 수천 자리 숫자들을 외우기 시작하지는 않을 것이다. 그러나 적어도 비밀번호와 전화번호만큼은 정확히 암기할 수 있다.

과제

과제 21

소매치기가 지갑을 훔쳤다. 지갑에는 현금카드 한 장과 명함이 들어 있다. 명함에 'Der Vater siebt Dukaten(아버지가 금화를 고르고 있다.).'라고 적혀 있다. 소매치기는 비밀번호 네 자리를 알아내 현금카드에서 돈을 꺼냈다. 어떻게 알아냈을까?

과제 22

"전화번호가 뭐에요?"라고 묻자 기억력도사가 대답한다.

"Ein Bett steht lichterloh brennend auf dem Damm. Das Feuer ist geformt wie eine Rose(침대가 댐 위에서 활활 타고 있다. 불꽃이 장미 모양이다.)."

전화번호는 무엇인가?

과제 23

$2a+3b=27$을 만족하게 하는 a와 b의 모든 자연수 쌍을 찾아라.

과제 24

7로 끝나는 제곱수가 없는 까닭은?

과제 25

삼각형 둘레의 절반이 언제나 각 변의 길이보다 길다는 것을 증명하라.

숫자 왕국에 발을 깊숙이 들여놓으면, 감탄과 놀람에서 쉽게 벗어나지 못한다. 계산과정을 대폭 줄이는 지름길이 계속해서 발견된다. 우크라이나 출신 천재 수학자 트라첸버그는 이런 지름길들을 조합하여 놀라운 스피드 계산법을 만들었다.

6 계산 – 전문가용 트라첸버그 시스템

트라첸버그는 여느 천재들 못지않게 불운했다. 그는 죽은 후에 유명해졌다. 그가 개발한 '트라첸버그 스피드 계산법'은 그가 죽은 1953년까지 거의 알려지지 않았다. 죽기 직전에 취리히에 수학연구소를 설립하여 스피드 계산법을 직접 가르치기까지 했는데도 말이다.

1960년에 미국 저널리스트 두 명이 쓴 책을 통해 트라첸버그 계산법이 비로소 유명해졌다. 이 책은 베스트셀러가 되었고 전문가들의 감탄이 쏟아졌다. 영국의 교육잡지 〈티처스 월드〉는 새 계산법이 수학수업을 완전히 바꿀 것이라며 교사라면 반드시 이 책을 읽어야 한다고 권했고, 〈라이프〉는 수학 마법이라고 열광했으며, 〈슈피겔〉은 트라첸버그를 마법사라고 칭송했다.

스피드 계산법이 도대체 뭘까? 엑셀과 계산기가 있는 오늘날에도 과연 그런 계산법이 필요할까? 트라첸버그 시스템은 무엇보다 수학을 사랑하는 사람들에게 의미가 있을 것이다. 기계식시계 생산자가 톱니의 미세한 작동원리를 완벽하게 통달했던 것처럼, 트라첸버그 계산법은 연산의 정점에 있다.

전자시계는 정확하고 가격도 저렴하다. 그럼에도 사람들은 작은 톱니바퀴의 우아한 작동에 감탄하며 기계식시계에 많은 돈을 소비한다. 어쩌면 당신은 이 장을 읽은 후, 골동품 시계의 작은 톱니바퀴를 바라보는 열정적인 수집가처럼, 초롱초롱 빛나는 눈으로 트라첸버그의 계산법을 바라볼지도 모른다.

처음 트라첸버그 시스템을 접하면 마치 마술에 걸린 기분이다. 그것은 숫자 계산을 쉽게 하는 계산요령의 총집합이다. 트라첸버그 계산법으로 다섯 자릿수 수십 개를 더할 수 있다. 이때 계산하는 수는 19를 넘지 않는다. 또한, 곱셈을 간단한 덧셈으로 바꿀 수 있다. 이렇게 하면 계산 시간을 약 20퍼센트 줄일 수 있다.

5427×9를 계산한다고 가정해보자.

트라첸버그 계산법으로 9를 곱하는 데는 세 단계가 필요하다. 첫 번째 단계는 곱셈 값의 1의 자릿수를 구하는 것인데, 10에서 끝자릿수를 빼면 된다. 그러니까 우리의 예에서는 10-7=3이다. 이 숫자를 5427의 끝자릿수 아래에 적는다.

5427×9

3

두 번째 단계는 곱셈 값의 나머지 모든 숫자를 구하는 것인데, 남은 숫자들을 각각 9에서 뺀 다음 오른쪽 이웃과 더한다. 그러므로 우리의 예에서 곱셈 값의 10의 자릿수는 9-2+7=14이다. 2 아래에 4를 기록하고 1을 왼쪽으로 올린다(점을 찍어 표시해둔다.).

5427×9

'43

그다음 계속해서 9-4+2+1(오른쪽에서 올라온 수)=8이고 9-5+4=8이다.

5427×9

8843

거의 끝났다. 세 번째 단계로 곱셈 값의 맨 왼쪽 숫자를 구하는데, 곱해야 할 수의 맨 왼쪽 숫자에서 1을 뺀다. 5-1=4.

5427×9

48843

이것으로 곱셈이 끝났다. 우리는 지금까지 단 한 번도 9를 곱하지 않았다! 학교에서 배운 방식과 완전히 다르다. 당연히 이 과정에 익숙해지려면 손에 익을 때까지 계속해서 연습해야 한다. 일단 익숙해지면 이 계산법의 매력 하나를 더 발견하게 될 것이다. 이 방법을 쓰면 7×9 같은 부담스러운 곱셈을 하지 않아도 된다. 계산할 수가 20을 넘지 않는다. 그리고 그것은 63이나 54를 가지고 저글링을 하는 것보다 훨씬 쉽게 느껴진다.

여기까지가 9를 곱하는 계산의 예다. 3에서 12까지의 모든 숫자에 적용할 수 있는 비슷한 계산법이 있다. 대부분은 이미 1장의 11과 12를 곱하는 계산에서 배웠다. 여기에서는 빠른 덧셈과 곱셈을 위한 트라첸버그 계산법을 설명하겠다.

트라첸버그는 어쩌다 스피드 계산법을 개발할 생각을 하게 되었을까? 그것은 흥미진진하면서 동시에 슬픈 이야기다. 그는 20세에 벌써 상트페테르부르크의 거대 조선소에서 수석엔지니어로 일했고 부하직원만 수천 명이었다. 그러나 10월 혁명 이후 베를린으로 도망쳐 마지막 궁중 화가의 딸과 결혼했다. 트라첸버그는 외국어를 가르치는 새로운 방법을 발명했고 러시아 전문가이자 평화주의자로 활동했다.

유대인이었던 그는 나치당이 집권하면서 오스트리아 빈으로 도망칠 수밖에 없었다. 그러나 결국 게슈타포에 잡혔고 거의 5년을 감옥과 강제수용소에서 보냈다. 그에게 연산은 강제수용소의 끔찍한 일과를 견디게 해주는 숨구멍이었다. 종이가 부족해서 찢어진 포장지나 이면지에 적어야 했다. 종이와 연필 없이 암산만으로 계산할 때도 잦았다. 그가 계산법을 계속해서 최적화하는 데 이런 환경이 분명 큰 구실을 했을 것이다. 트라첸버그는 스피드 계산법은 '게슈타포의 22개 감옥과 지하실'에서 만들어졌다고 회고했다.

그가 나치 시절에 살아남을 수 있었던 건 아내의 공이 컸다. 아내가 탈출을 준비했고 부부는 1945년에 스위스로 갔다.

트라첸버그는 스피드 계산법을 발명한 것이 아니다. 그가 사용한 빠른 곱셈을 위한 '교차 곱셈법'과 그 외 여러 요령은 대부분 이미 오래전부터 존재했다. 그의 업적은 새로운 발명이 아니라 다양한 요령을 하나의 체계로 합친 것이다.

●스피드 덧셈

트라첸버그의 덧셈법부터 시작해보자.

436+278

이 정도는 학교에서 배운 방법으로 어려움 없이 계산할 수 있을 것이다. 먼저 1의 자릿수, 그러니까 6+8=14를 계산하고, 그다음 10의 자릿수 3+7+1(1의 자릿수 계산에서 올라온 수)=11 그리고 마지막으로 100의 자릿수 4+2+1(10의 자릿수 계산에서 올라온 수)=7을 계산하여 714를 얻는다.

그러나 더해야 할 수가 두 개가 아니라 여섯 개 혹은 열 개라면 학교에서 배운 방법으로는 확실히 수고스럽다. 계산기를 쓰더라도 실수할 위험에서 완전히 안전하지 못하다. 숫자 하나만 잘못 입력해도 전혀 다른 수가 되고 결국 틀린 답을 얻게 된다.

트라첸버그는 새로운 덧셈법을 제안한다. 그 역시 1의 자릿수, 10의 자릿수, 100의 자릿수, 1000의 자릿수를 각각 더한다. 그러나 그는 1000의 자릿수에서 시작한다. 그러니까 왼쪽에서 오른쪽으로 계산한다. 그리고 중간 합이 11이거나 더 커지면 곧바로 이 중간 합에서 11을 빼고 표시를 해둔다. 다음의 여덟 수를 트라첸버그 덧셈법으로 계산해보자.

8345

4990

1258

6034

887

3856

1139

2385

1000의 자릿수에서 시작해 총 일곱 숫자를 차례대로 더한다.

8		
4°	8+4=12	12는 11보다 큰 수이므로 11을 빼서 1을 얻고 4에 표시를 한다.
	12-11=1	
1	1+1=2	
6	6+2=8	
3°	3+8=11	11을 빼서 0을 얻고 3에 표시를 한다.
	11-11=0	
1	1+0=1	
2	2+1=3	

최종 결과인 3을 선 아래에 적고 표시해둔 점의 개수를 적는다.

8 345

4°990

1 258

6 034

887

3°856

1 139

2 385

---

3 합

2 점의 개수

이 과정을 각 자릿수에서 반복한다.

8345

4°9°9°0

1258°

6034

8°8°7°

3°85°6

1139°

23°8°5°

3110 합

2344 점의 개수

이제 합과 점의 개수를 계산할 차례다. 합과 점의 개수를 세로로 더한 후 여기에 오른쪽 점의 개수를 더한다. 오른쪽에 아무 숫자도 없으면 0으로 간주한다. 맨 오른쪽부터 시작한다.

3110	합
2344	점의 개수
4	0+4=4
9	1+4+4=9
8	1+3+4=8
8	3+2+3=8
2	0+2=2
28894	

이게 빠른 방법인가 싶을 것이다. 게다가 최종 결과를 얻으려면 덧셈을 두 번이나 해야 한다. 그러나 계산하는 내내 숫자들을 계속 작은 수로 바꾸었고, 그 덕분에 계산이 아주 쉬워졌다.

나는 스피드 계산법을 강요할 생각이 없다. 매력이 있는지 일단 한 번 해보라. 그리고 재미삼아 초시계를 켜고 똑같은 문제를 학교에서 배운 방법으로 계산해보고 트라첸버그 계산법으로도 계산해보라. 내 경우에는 트라첸버그 계산법이 학교에서 배운 방법보다 시간이 두 배가 더 걸렸다. 하지만 이 기록은 연습하기 전이다. 학교에서 배운 방법만큼 많이 연습하고 몸에 익혔다면, 트라첸버그 계산법이 확실히 빨랐을 거라고 나는 확신한다.

여기 두 과제가 있으니 직접 시험해보라.

과제 1	과제 2
469	4561
722	4836
889	563
971	8989
289	7812
	5619

과제 1의 정답은 3340이고, 과제 2는 32380이다.

●11 곱하기

이제 곱셈으로 가보자. 트라첸버그 곱셈법 중에서 11을 곱하는 방법은 이미 1장에서 배웠다. 1장에서 설명할 때 트라첸버그라는 이름을 언급하지 않았을 뿐이다.

3467×11을 계산해보자. 맨 왼쪽부터 시작하여 각 숫자와 오른쪽 이웃의 합을 적는다. 만일 7처럼 오른쪽 옆에 아무 숫자도 없으면 옆에 0이 있다고 간주하므로 7 아래 7+0=7을 적는다.

3467×11
———
7

이제 6 차례다. 6과 오른쪽 이웃인 7을 더한다. 6+7=13. 3만 6 밑에 적고 점을 찍어 1이 왼쪽으로 올라갔음을 표시해둔다.

3467×11
———
'37

같은 방식으로 4+6+1(오른쪽에서 올라온 수)=11에서 1을 적고, 1은 왼쪽으로 올린다.

3467×11
———
'137

그다음엔 3+4+1=8.

3467×11
———
8137

마지막 단계는 10000의 자리를 정하는 과정이다. 곱해야 할 수에는 10000의 자릿수가 없으니 0으로 간주하여 적을 수 있다.

03467×11
―――――
 8137

계산 규칙에는 변함이 없다. 곱해야 할 숫자 아래에 그 숫자와 오른쪽 이웃의 합을 적는다. 그러므로 0+3=3을 얻는다.

03467×11
―――――
38137

전체 과정을 요약하면 다음과 같다.

1단계	03467×11 ――――― 7	7+0=7
2단계	03467×11 ――――― '37	6+7=13, 그러므로 3을 적고 1을 왼쪽으로 올린다.
3단계	03467×11 ――――― '137	4+6+1=11, 그러므로 1을 적고 1을 왼쪽으로 올린다.
4단계	03467×11 ――――― 8137	3+4+1=8
5단계	03467×11 ――――― 38137	0+3=3

학교에서 배운 방법으로 계산해보면, 이 계산법이 왜 옳은지 금세 이해할 수 있다.

```
   3467
×    11
-------
   3467
+3467
-------
 38137
```

곱해야 할 수 3467이 같은 수 3467과 더해지는데, 다만 두 번째 3467이 왼쪽으로 한 칸 밀릴 뿐이다. 그래서 트라첸버그 계산법에서는 오른쪽 이웃 숫자와 더하는 것이다.

아래의 네 과제를 트라첸버그 곱셈법으로 직접 계산해보라. 책의 공간을 이용해도 좋다. 이렇게 훈련해두면 계속해서 소개될 다른 트라첸버그 방법을 이해하는 데도 도움이 된다.

2438×11

9356×11

452895×11

59353345×11

올바르게 계산했다면 26818, 102916, 4981845, 652886795

를 얻었을 것이다.

●12 곱하기

12를 곱할 때도 계산 규칙이 약간 다를 뿐 원리는 똑같다. 11을 곱할 때는 그냥 오른쪽 이웃과 더했다면, 12를 곱할 때는 곱할 숫자의 2배수에 오른쪽 이웃을 더한다.

3467×12를 예로 들면, 맨 오른쪽에 있는 7에서 시작한다. 7×2+0(7의 오른쪽에는 아무 숫자도 없으므로)=14. 4를 적고 1을 왼쪽으로 올린다(점을 찍어 표시한다.).

1단계 03467×12 7×2+0=14

'4

2단계 03467×12 6×2+7+1(올라온 수)=20

''04

3단계 03467×12 4×2+6+2(올라온 수)=16

'604

4단계 03467×12 3×2+4+1(올라온 수)=11

'1604

5단계 03467×12 0×2+3+1(올라온 수)=4

41604

이 방법의 원리를 알고 싶으면, 뒤에 있는 과제를 풀면서 연구해

보라. 해답은 부록에 있다.

아래의 네 과제를 직접 계산해보라.

2438×12

9356×12

452895×12

59353345×12

정답은 29256, 112272, 5434740, 712240140이다.

●6 곱하기

11과 12를 곱하는 계산에서 우리는 덧셈만 하면 되었다. 5, 6, 7을 곱하는 트라첸버그 계산법에서는 수를 절반으로 나눠야 한다. 짝수이면 어려울 것이 없다. 6의 절반은 3이고 8의 절반은 4이다. 그러나 가령 5처럼 홀수이면, 절반으로 2.5가 아니라 2만 취한다. 다시 말해 3의 절반은 1이고 1의 절반은 0이 된다! 말하자면 트라첸버그 계산법에서 말하는 절반은 수학에서 일반적으로 이해하는 절반과 조금 달라 일반적인 절반에서 자연수만 취한다.

6을 곱하는 계산은 앞에서 배운 11과 12를 곱하는 계산과 비슷하다. 여기서도 각각의 계산 결과를 바로 아래에 적는데, 다만 다른 계산 규칙을 이용한다. '각 숫자를 오른쪽 이웃의 절반과 더한다.' 이해하기 쉽게 우선 짝수로만 구성된 세 자릿수로 시작해보자. 덕분에 계산은 네 단계면 끝난다.

624×6

1단계	0624×6 ——— 4	4는 오른쪽 이웃이 없으므로 4를 적는다.
2단계	0624×6 ——— 44	2+2(4의 절반)=4
3단계	0624×6 ——— 744	6+1(2의 절반)=7
4단계	0624×6 ——— 3744	0+3(6의 절반)=3

홀수가 있으면 추가로 5를 더해야 한다. 그러므로 6을 곱하는 일반 규칙은 '곱해야 할 수와 오른쪽 이웃의 절반을 더한 다음, 곱해야 할 수(오른쪽 이웃이 아니다.)가 홀수면 추가로 5를 더한다.' 다소 복잡하게 들리겠지만 실제로 해보면 그렇게 어렵지 않다.

3467×6

1단계	03467×6 ——— '2	7+0(오른쪽 이웃이 없다)+5(7이 홀수이므로)=12
2단계	03467×6 ——— '02	6+3(7의 절반)+1(올라온 수)=10

3단계 03467×6 4+3(6의 절반)+1(올라온 수)=8

802

4단계 03467×6 3+2(4의 절반)+5(3이 홀수이므로)=10

'0802

5단계 03467×6 0+1(3의 절반)+1(올라온 수)=2

20802

이제 당신이 직접 해볼 차례다!

2438×6

9356×6

452895×6

59353345×6

모두 올바르게 계산했다면 14628, 56136, 2717370, 356120070이 나왔을 것이다.

●7 곱하기

7을 곱하는 규칙은 6을 곱하는 규칙과 비슷하다. '곱할 숫자의 2배수에 오른쪽 이웃의 절반을 더하되, 만약 곱할 숫자가 홀수이면 추가로 5를 더한다.'

모두 짝수로만 구성된 쉬운 예로 시작하자.

624×7

1단계	0624×7 8	4×2+0(오른쪽 이웃이 없다.)=8
2단계	0624×7 68	2×2+2(4의 절반)=6
3단계	0624×7 '368	6×2+1(2의 절반)=13
4단계	0624×7 4368	0+3(6의 절반)+1(올라온 수)=4

이제 홀수도 포함된 수에 7을 곱해보자.

3467×7

1단계	03467×7 '9	7×2+0(오른쪽 이웃이 없다.)+5(7이 홀수이므로)=19
2단계	03467×7 '69	6×2+3(7의 절반)+1(올라온 수)=16
3단계	03467×7 '269	4×2+3(6의 절반)+1(올라온 수)=12
4단계	03467×7 '4269	3×2+2(4의 절반)+5(3이 홀수이므로)+1(올라온 수)=14
5단계	03467×7 24269	0+1(3의 절반)+1(올라온 수)=2

이제 다시 당신 차례다!

2438×7

9356×7

452895×7

59353345×7

정답은 17066, 65492, 3170265, 415473415이다.

●5 곱하기

곱셈 규칙을 설명하는 순서가 뒤죽박죽이라 이상한가? 11과 12에서 시작하더니 그다음이 6과 7이고 이제 5다. 뭔가 뒤바뀐 기분이 들겠지만 그렇지 않다. 나는 제일 단순한 규칙에서 시작하여 뒤로 갈수록 점점 어려워지게 순서를 정했다.

짝수에 5를 곱하는 계산법을 우리는 2장에서 이미 배웠다. '곱해야 할 수의 절반에 10을 곱한다.' 제아무리 큰 수라도 계산하기 쉽게 쪼갤 수 있다.

5를 곱하는 트라첸버그 규칙은 2장에서 배운 '반으로 나눈 후 10을 곱하는 트릭'을 이용하지만, 짝수만이 아니라 무작위로 선정한 모든 수에 적용할 수 있고 크게 어렵지도 않다.

곱해야 할 숫자 밑에 오른쪽 이웃의 절반(자연수만)을 적는다. 곱해야 할 숫자가(오른쪽 이웃이 아니다.) 홀수일 경우 추가로 5를 더한다.

먼저 쉬운 예로 연습해보자.

624×5

1단계	0624×5 0	4는 오른쪽 이웃이 없으므로 0을 적는다.
2단계	0624×5 20	4의 절반=2
3단계	0624×5 120	2의 절반=1
4단계	0624×5 3120	6의 절반=3

이제 홀수도 포함된 수에 5를 곱해보자.

3467×5

1단계	03467×5 5	7은 오른쪽 이웃이 없다. 그러나 홀수이므로 0+5=5
2단계	03467×5 35	7의 정확한 절반은 3.5이지만 자연수 3만 적는다.
3단계	03467×5 335	6의 절반 3. 4는 짝수이므로 5를 더하지 않는다.

4단계	03467×5 7335	2(4의 절반)+5(3이 홀수이므로)=7
5단계	03467×5 17335	3의 정확한 절반은 1.5이지만 자연수 1만 적는다.

이 방법을 제대로 이해했는지 직접 시험해보라!

2438×5

9356×5

452895×5

59353345×5

정답은 12190, 46780, 2264475, 296766725이다.

●9 곱하기

8과 9를 곱하는 트라첸버그 계산법은 새로운 규칙이 필요하다. 곱해야 할 숫자를 10 혹은 9에서 뺀다. 예를 들어 10에서 빼는 경우, 7은 3이 된다. 9에서 빼는 경우는 당연히 7이 2가 된다.

9를 곱하는 규칙은 다음과 같다.

1. 맨 오른쪽 숫자를 10에서 뺀다. 이 결과가 최종 답의 맨 오른쪽 숫자다.
2. 나머지 숫자들은 9에서 뺀 다음 오른쪽 이웃을 더한다.

3. 최종 답의 맨 왼쪽 숫자, 즉 0 아래에 적힐 숫자는 맨 왼쪽 숫자에서 1을 뺀다.

언뜻 보기에 복잡해 보이겠지만 직접 풀어보면 쉽게 이해할 수 있다.

3467×9

1단계	03467×9 ――― 3	10-7=3. 그러므로 최종 답의 끝자리 숫자는 3이다.
2단계	03467×9 ――― '03	9-6+7(오른쪽 이웃)=10. 0을 적고 1을 왼쪽으로 올린다.
3단계	03467×9 ――― '203	9-4+6(오른쪽 이웃)+1(올라온 수)=12. 2를 적고 1을 올린다.
4단계	03467×9 ――― '1203	9-3+4+1=11. 1을 적고 1을 올린다.
5단계	03467×9 ――― 31203	3-1+1(올라온 수)=3

생각했던 것처럼 그렇게 어렵지 않다!

이제 당신 차례다!

2438×9

9356×9

452895×9

59353345×9

정답은 21942, 84204, 4076055, 534180105이다.

●8 곱하기

9를 곱하는 규칙을 이해했다면 8을 곱하는 계산도 문제없다.

1. 최종 답의 맨 오른쪽 숫자 : 10에서 뺀 다음 2를 곱한다.
2. 최종 답의 가운데 숫자들 : 9에서 뺀 후 2를 곱한 후 오른쪽 이웃을 더한다.
3. 최종 답의 맨 왼쪽 숫자(0 아래) : 맨 왼쪽 숫자에서 2를 뺀다.

3467×8

1단계	03467×8 6	(10-7)×2=6
2단계	03467×8 '36	(9-6)×2+7(오른쪽 이웃)=13. 3을 적고 1을 왼쪽으로 올린다.
3단계	03467×8 '736	(9-4)×2+6(오른쪽 이웃)+1(올라온 수)=17
4단계	03467×8 '7736	(9-3)×2+4+1=17

5단계 $\frac{03467\times8}{27736}$ 3-2+1(올라온 수)=2

이제 당신 차례!

2438×8

9356×8

452895×8

59353345×8

19504, 74848, 3623160, 474826760이 나왔는가? 그렇다면 올바르게 계산했다!

●4 곱하기

이제 2, 3, 4만 남았다. 이들 중 2가 가장 간단하다. 오른쪽에서부터 각 숫자의 2배수를 그냥 적으면 된다. 4를 곱하는 규칙은 세 부분으로 구성되어 2를 곱하는 계산만큼 간단하지는 않다.

1. 최종 답의 맨 오른쪽 숫자 : 10에서 뺀다. 홀수이면 5를 더한다.
2. 최종 답의 가운데 숫자들 : 9에서 뺀다. 홀수이면 5를 더한다. 오른쪽 이웃의 절반을 더한다.
3. 최종 답의 맨 왼쪽 숫자(0 아래) : 오른쪽 이웃의 절반에서 1을 뺀다.

3467×4

1단계	03467×4 ――― 8	10-7+5(7이 홀수이므로)=8
2단계	03467×4 ――― 68	9-6+3(7의 절반)=6
3단계	03467×4 ――― 868	9-4+3(6의 절반)=8
4단계	03467×4 ――― '3868	9-3+5(3이 홀수이므로)+2(4의 절반)=13. 3을 적고 1을 올린다.
5단계	03467×4 ――― 13868	1(3의 절반)-1+1(올라온 수)=1

트라첸버그 계산법에서는 11을 곱하는 계산이 4를 곱하는 계산보다 훨씬 간단하다. 희한하다는 생각이 든다. 하지만 수의 세계란 바로 그런 것이다. 4가 11보다 작은 수이고 다루기 더 쉬울 것 같지만, 사실은 그렇지가 않다.

이제 다시 당신 차례다.

2438×4

9356×4

452895×4

59353345×4

정답은 9752, 37424, 1811580, 237413380이다.

●3 곱하기

3을 곱하는 계산법은 8을 곱하는 계산법과 비슷하다.

1. 최종 답의 맨 오른쪽 숫자 : 10에서 뺀 다음 2를 곱한다. 홀수이면 5를 더한다.
2. 최종 답의 가운데 숫자들 : 9에서 뺀 다음 2를 곱한다. 홀수이면 5를 더한다. 오른쪽 이웃의 절반을 더한다.
3. 최종 답의 맨 왼쪽 숫자(0 아래) : 오른쪽 이웃의 절반에서 2를 뺀다.

3467×3

1단계	03467×3 '1	(10-7)×2+5(7이 홀수이므로)=11. 1을 적고 1을 올린다.
2단계	03467×3 '01	(9-6)×2+3(7의 절반)+1(올라온 수)=10. 0을 적고 1을 올린다.
3단계	03467×3 '401	(9-4)×2+3(6의 절반)+1(올라온 수)=14. 4를 적고 1을 올린다.
4단계	03467×3 ''0401	(9-3)×2+5(3이 홀수이므로)+2(4의 절반)+1(올라온 수)=20
5단계	03467×3 10401	1(3의 절반)-2+2(올라온 수)=1

직접 3을 곱해보라.

2438×3

9356×3

452895×3

59353345×3

모두 올바르게 계산했다면 7314, 28068, 1358685, 178060035가 나왔을 것이다.

2부터 12까지의 트라첸버그 곱셈 규칙을 한눈에 조망할 수 있도록 표로 정리했다.

표에서 '오른쪽'은 최종 답의 맨 오른쪽 숫자를 뜻한다. '가운데'는 최종 답의 맨 왼쪽 숫자(0 아래에 적을)와 맨 오른쪽 숫자를 제외한 나머지 모든 숫자를 뜻한다. 트라첸버그 계산법에서는 곱해야 할 수의 맨 왼쪽에 0을 넣고 계산을 시작한다.

절반은 언제나 자연수를 뜻한다. 홀수일 경우 절반에서 소수점 이하를 버린다. 5의 절반은 2.5가 아니라 2이다.

트라첸버그 계산법이 벌써 몸에 익었는가? 아닌 것이 당연하다. 몸에 익으려면 시간이 필요하다. 그리고 구구단을 암기할 때와 비슷한 함정이 여기에도 숨어 있다. 56과 54를 혼동하듯 3을 곱하는 규칙과 4를 곱하는 규칙을 혼동할 수 있다.

인수	규칙
2	각 숫자의 두 배를 적는다.
3	**오른쪽 :** 10에서 뺀다. 2를 곱한다. 홀수이면 5를 더한다. **가운데 :** 9에서 뺀다. 2를 곱한다. 홀수이면 5를 더한다. 이웃의 절반을 더한다. **왼쪽 :** 이웃의 절반에서 2를 뺀다.
4	**오른쪽 :** 10에서 뺀다. 홀수이면 5를 더한다. **가운데 :** 9에서 뺀다. 홀수이면 5를 더한다. 이웃의 절반을 더한다. **왼쪽 :** 이웃의 절반에서 1을 뺀다.
5	이웃의 절반을 적는다. 홀수이면 5를 더한다.
6	이웃의 절반을 숫자에 더한다. 홀수이면 5를 더한다.
7	2를 곱한다. 이웃의 절반을 더한다. 홀수이면 5를 더한다.
8	**오른쪽 :** 10에서 뺀다. 2를 곱한다. **가운데 :** 9에서 뺀다. 2를 곱한다. 이웃을 더한다. **왼쪽 :** 이웃에서 2를 뺀다.
9	**오른쪽 :** 10에서 뺀다. **가운데 :** 9에서 뺀다. 이웃을 더한다. **왼쪽 :** 이웃에서 1을 뺀다.
10	끝에 0을 붙인다.
11	오른쪽 이웃을 더한다
12	2를 곱한 다음 이웃을 더한다.

트라첸버그 시스템에 관한 책을 쓴 앤 커틀러Ann Cutler와 루돌프 맥쉐인Rudolph McShane이 주장한 바로는, 트라첸버그 계산법은 계산 과정을 약 20퍼센트나 줄여준다고 한다. 그들의 말대로 20퍼센트를 절약하려면 확실히 연습이 필요하다. 만약 우리가 어렸을 때부터 이 계산법을 배워 연습했더라면 지금까지 우리가 알고 있던 방법보다 확실히 빨리 계산할 수 있었을 거라 확신한다. 그리고 트라첸버그도 바로 그것을 원했을 것이다.

이제 설명할 것이 하나 남았다. 바로 이 신비한 계산법의 원리다. 뒤에 나오는 과제 11, 13, 14, 15를 통해 이 계산법의 정확성을 직접 증명해봐도 좋다. 아니면 부록에 있는 해답을 봐도 된다. 그곳에서 12, 6, 9, 8을 곱하는 계산의 증명도 확인할 수 있다.

●교차 곱셈

트라첸버그는 곱셈을 간단한 덧셈으로 바꾸었다. 그러나 이때 11과 12를 제외하면, 인수들이 항상 한 자릿수였다. 만약 7이나 8이 아니라 56이나 338을 곱해야 하면 어떻게 해야 할까?

한 자릿수를 위한 트라첸버그 계산법과 학교에서 배운 계산법을 통합하는 것이 한 가지 가능성이다.

```
  3467×87
 --------
  24269        (×7)
 27736         (×8)
 ------
 301629
```

3467×7을 트라첸버그 방식으로 계산하여 그 답을 아래에 적는다. 그리고 3467×8을 역시 트라첸버그 방식으로 계산하여 아래에 적되 왼쪽으로 한 칸 밀어 쓴다. 두 수를 더하면 계산 끝.

그러나 노련한 사람들은 소위 '교차 곱셈'이라 불리는 방식으로 이 문제를 풀 수 있다. 교차 곱셈에서는 중간의 두 단계 없이 바로 최종 답을 쓸 수 있다. 그러나 교차 곱셈을 이용하려면 암산 실력이 좋아야 한다.

43×87로 시작해보자.

1의 자릿수를 서로 곱하면 최종 답의 끝자릿수를 얻는다. 3×7=21. 1을 맨 오른쪽에 적고 2를 기억한다.

$$\frac{43\times87}{{}^{2}1}$$

10의 자릿수가 진짜 교차 곱셈이다. 3×8+4×7=24+28=52. 여기에 기억하고 있던 2가 더해져 54가 된다. 그러므로 10의 자리에 4를 적고 5를 기억한다.

$$\frac{43\times87}{{}^{5}41}$$

100의 자릿수는 10의 자릿수 4와 8을 곱한 수이므로 32이고 여기에 기억했던 5를 더하면 37이 된다. 이제 37을 마지막으로 맨 오른쪽에 적으면 계산이 끝난다.

$$\frac{43\times87}{3741}$$

이제 네 자릿수 계산을 해보자.

$$\begin{array}{l} \ \ 3467 \times 87 \\ \hline 301629 \end{array}$$

1의 자릿수	9	7×7=49. 9를 적고 4를 기억.
10의 자릿수	2	6×7+7×8+4=102. 2를 적고 10을 기억.
100의 자릿수	6	4×7+6×8+10=86. 6을 적고 8을 기억.
1000의 자릿수	1	3×7+4×8+8=61. 1을 적고 6을 기억.
10000의 자릿수	30	3×8+6=30

어떤 수를 세 자릿수와 곱할 때도 교차 곱셈은 통한다. 그러면 교차 곱셈은 둘이 아니라 셋으로 구성된다.

● 트라첸버그 시스템, 어디에 사용할 수 있을까?

이외에도 많은 트라첸버그 시스템이 있다. 또 다른 곱셈 방법이 있고 나눗셈과 루트 값을 구하는 요령도 있다. 스피드 계산법에 관심이 있다면, 커틀러와 맥쉐인의 책을 권한다. 하지만 이 책을 구하려면 고서점을 뒤져야 하리라.

나는 트라첸버그 계산법을 높이 평가한다. 이 방법은 수학연산의 진짜 보석이다. 그러나 이 계산법을 다시 상용화하자는 주장은 아니다. 이런 계산 규칙을 상자에서 꺼낼 일은 아마 없을 것이다. 트라첸버그 계산법은 1960년대에 사람들의 대대적인 환영을 받았을 때 자신의 입지를 확고히 다지지 못했다. 그리고 오늘날에도 여전히 파고들 자리가 없다. 기계식시계만큼 희귀해졌다. 오늘날 전자시계를 무시할 수 없는 것처럼 계산기와 컴퓨터를 무시할 수 없다.

그러나 트라첸버그 시스템은 수학에 관심이 있는 사람들로 하여금 학교에서 오래전에 추방된 연산 실험실에 흥미로운 시선을 돌리게 한다. 이 계산법은 목적지에 도달하는 방법이 다양함을 보여준다. 그리고 그것이 진정한 의미의 수학이다.

과제

과제 26

12를 곱하는 트라첸버그 규칙이 항상 옳음을 밝혀라.

과제 27

두 자릿수 두 개를 곱할 때 교차 곱셈으로 올바른 답을 얻을 수 있음을 증명하라.

과제 28

6을 곱하는 트라첸버그 규칙(이웃의 절반을 숫자에 더한다. 홀수이면 5를 더한다.)이 항상 옳음을 밝혀라.

과제 29

9를 곱하는 트라첸버그 규칙은 다음과 같다.

오른쪽 : 10에서 뺀다.

가운데 : 9에서 뺀다. 이웃을 더한다.

왼쪽 : 이웃에서 1을 뺀다.

이 규칙이 옳음을 증명하라.

과제 30

8을 곱하는 트라첸버그 규칙은 다음과 같다.

오른쪽 : 10에서 뺀다. 2를 곱한다.

가운데 : 9에서 뺀다. 2를 곱한다. 이웃을 더한다.

왼쪽 : 이웃에서 2를 뺀다.

이 규칙이 옳음을 증명하라.

관객에게 숫자 하나를 떠올리게 한 후 그 숫자로 이런저런 간단한 계산을 하게 한다. 관객이 생각한 숫자가 무엇이든 당신은 이미 계산 결과를 알고 있다. 이쯤 되면 수학이 아니라 마술이다. 더 나아가 열 자리나 되는 어마어마한 수가 어떤 수의 5제곱수인지 암산으로 알아맞힌다면, 관객들은 감탄을 자아낼 것이다.

7

수학마법

숫자와 출생연도의 마술

수학이 마법처럼 보일 때가 있다. 6장에서 배운 트라첸버그의 스피드 계산법만 봐도 그렇다. 어마어마하게 큰 수에 7, 8, 9를 곱하는데 단순한 덧셈만 몇 번 하면 된다! 하지만 즐거운 파티에서 마술로 써먹기엔 살짝 부족하다.

그래서 이 장에서는 가족, 친구, 지인들을 놀라게 할 수 있는 여러 가지 수학 마술을 소개하고자 한다. 달력 계산에 대해서는 들어본 적이 있을 테지만, 상대방의 생각을 읽는 것처럼 연출할 수 있는 '숫자와 생년월일 마술'에 대해서는 아직 들어보지 못했을 것이다.

나는 어떤 두 자릿수를 생각한 다음 계산기로 그 수의 세제곱수를 구한다. 이 세제곱수가 가령 185193이라고 하자. 당신은 이 수를 듣고 계산기를 사용하지 않고 내가 어떤 두 자릿수를 생각했었는지 알아맞힐 수 있겠는가?

정답은 57이다(57^3=185193). 암산으로 정답을 알아내기란 거의 불가능해 보인다. 그러나 가능하다! 암산도사들은 당연히 할 수 있고 당신도 트릭만 배우면 할 수 있다.

681472를 예로 들어보자. 이 수의 세제곱근은 무엇일까? 이 수는 57^3=185193보다 확실히 더 크다. 그러므로 세제곱근 역시 57보다 큰 수다. 하지만 이것은 별 도움이 되지 못한다.

그럼에도 우리는 681472의 세제곱근을 암산으로 금세 알아낼 수 있다. 1의 자릿수를 먼저 알아낸 다음 10의 자릿수를 예측하면 된다. 이 트릭을 이용하려면 먼저 1부터 10까지의 세제곱수를 외우고 있어야 한다.

수	세제곱수
1	1
2	8
3	27
4	64
5	125
6	216
7	343
8	512
9	729
10	1000

이 세제곱수들이 우리가 구하려는 세제곱근의 1의 자릿수를 알려준다. 세제곱수들의 1의 자릿수를 보라.

수	세제곱수의 1의 자릿수
1	1
2	8
3	7
4	4
5	5
6	6
7	3
8	2
9	9
10	0

알아차렸는가? 세제곱수들이 모두 다른 숫자로 끝난다. 2, 3, 7, 8을 제외하면 심지어 모두가 세제곱근과 일치한다.

그러므로 주어진 세제곱수의 끝자리 숫자만 잘 살피면, 세제곱근의 끝자리 숫자를 알 수 있다. 681472의 경우 끝자리 숫자가 2이므로 우리가 찾는 세제곱근의 끝자리 숫자는 8이다.

●1의 자릿수 방법

a와 b가 자연수이고 b가 한 자릿수면, 모든 두 자리 자연수를 10a+b로 표기할 수 있다. 이때 b는 이 수의 끝자릿수, 즉 1의 자릿수이다. 이 수의 세제곱수는 다음과 같다.

$$(10a+b)^3=1000a^3+300a^2b+30ab^2+b^3$$

b^3을 제외한 나머지 모든 항은 10의 배수이고, 세제곱수의 끝자리 숫자에 아무런 영향도 주지 않는다. 다시 말해 끝자리 숫자를 결정하는 것은 오직 b^3뿐이다. 그러므로 우리는 어떤 수의 끝자리 숫자를 보고 쉽게 세제곱수의 끝자리 숫자를 알아낼 수 있다. 그리고 0에서 9까지의 세제곱수가 모두 다른 숫자로 끝나기 때문에 거꾸로 세제곱수의 끝자리 숫자를 보고 세제곱근의 끝자리 숫자를 알아낼 수 있다.

681472의 경우 세제곱근의 끝자리 숫자는 8이다. 우리가 찾는 세제곱근은 두 자릿수이므로 이제 10의 자리 숫자만 찾으면 된다. 10의 자릿수를 찾으려면, 세제곱수 681472에서 끝의 세 숫자를 지우고(세제곱이므로) 다시 한 번 1부터 10까지의 세제곱수를 확인해야 한다. 681은 8의 세제곱수와 9의 세제곱수 사이에 있다. 다시 말해 681472는 80^3과 90^3 사이에 있다. 그러므로 정답은 88일 수밖에 없다. 그리고 정말로 그것이 정답이다.

이제 당신 차례다! 다음 수의 세제곱근을 찾아보라.

19683

287496

804357

13824

정답은 27, 66, 93, 24이다.

끝자리 숫자를 이용한 이 트릭은 다음 표에서 확인할 수 있듯이, 5제곱수에서 더욱 기가 막히게 통한다.

5제곱수의 끝자리 숫자는 원래 수의 끝자리 숫자와 일치한다. 그러므로 5제곱수에서도 똑같은 마술을 부릴 수 있다. 하지만 그러려면 먼저 다음의 표를 외우고 있어야 한다.

파티 참석자가 계산기를 두드려 601692057이라는 수를 말했고 당신이 이 수의 5제곱근을 맞혀야 한다고 가정해보자. 어떤 수

수	5제곱수
1	1
2	32
3	243
4	1024
5	3125
6	7776
7	16807
8	32768
9	59049
10	100000

의 5제곱이 601692057일까? 어쨌든 그 수의 끝자리 숫자는 7이다. 10의 자릿수를 알아내기 위해 이번에는 끝의 세 숫자가 아니라 다섯 숫자를(5제곱이므로) 지운다. 남아 있는 6016은 55와 65 사이에 있다. 그러므로 57이 정답이다.

이제 연습할 차례다. 다음 수의 5제곱근을 구하라.

20511149

992436543

9509900499

164916224

제대로 계산했다면 결과는 29, 63, 99, 44가 나왔으리라.

● 세계챔피언처럼 계산하기

게르트 미트링Gert Mittring 같은 숫자 천재도 끝자리 숫자를 이용한다. 독일 출신의 세계암산 챔피언인 그는 백자리나 되는 어마어마한 수의 13제곱근을 암산으로 몇 초 안에 알아낸다. 그러나 이것을 위해 다른 트릭이 하나 더 필요하다. 암산으로 빠르게 지수와 로그 값을 찾아내는 트릭.

2004년 세계기록을 세울 때 그는 백자리나 되는 어마어마한 수를 과제로 받았다.

7,066,437,381,674,286,102,234,008,830,240,157,375,704,233,170,702,632,731,269,721,516,000,395,709,065,419,973,141, 914,549,389,684,111

이 수의 13제곱근은 무엇인가?

미트링은 '상용로그 트릭'으로 정답에 가까운 수 47941067를 알아낼 수 있었다.

그런 다음 암산 천재는 우리가 세제곱수에서 썼던 방법과 비슷한 방법을 이용해 끝자릿수 두 개를 알아냈다. 과제로 받은 수가 11로 끝나기 때문에 13제곱근의 끝자리 두 숫자는 71이어야 한다. 미트링은 1부터 100까지의 13제곱수의 끝자리 두 숫자를 모두 암기하고 있었다.

그리하여 정답 47941071을 알아냈다. 단 11.6초 만에! 얼마 후 프랑스 출신의 알렉시스 르메르Alexis Lemaire가 미트링의 시간을 더 단축했다. 그다음 이백 자릿수에도 도전했다. 그런 거대한 수에서 13제곱근을 구하는 데 겨우 1분 남짓 걸렸다.

●1924년 3월 15일은 월요일이었을까?

내가 늘 신기하게 여기는 트릭이 바로 달력 계산이다. 달력 계산이란 주어진 날짜의 요일을 맞히는 것이다. 당신의 생일이든 역사적으로 중요한 날짜든 상관없다. 연습 삼아 1924년 3월 15일의 요일을 알아보자.

요일을 알아내는 방법은 여러 개지만, 여기서는 어떤 날짜든 추가 과정 없이 적용할 수 있는 보편적인 방법을 소개하고자 한다.

달력 계산은 요일을 알고 있는 특정 날짜를 기준으로 한다. 이를테면 1900년 1월 1일은 월요일이었다. 날짜가 바뀌면 요일이 어떻게 바뀌는지 계산한다. 이때 '연 수, 월 수, 일 수'가 필요하다.

연 수, 월 수, 일 수를 계산할 때 우리는 '모듈로'를 이용한다. 모듈로는 어떤 자연수를 다른 자연수로 나누었을 때 그 나머지를 나타낸다. 구체적인 예를 보는 것이 이해가 쉬울 것이다. 7 mod 2(7 모듈로 2라고 읽는다.)는 1이다. 7을 2로 나누면 나머지가 1이기 때문이다.

8 mod 2는 무엇일까? 8은 2로 나누어떨어지므로 나머지는 0

이고 그래서 8 mod 2=0이다.

다른 예를 하나 더 들면, 45 mod 7=?

45는 7의 배수가 아니다. 45와 가장 가까운 7의 배수는 42(=6×7)이다. 45는 42보다 3이 더 크다. 그러므로 45 mod 7=3이다. 지금까지 예로 들었던 모듈로 계산 세 개를 정리하면 다음과 같다.

7 mod 2=1　7÷2=3, 나머지 1이므로

8 mod 2=0　8÷2=4, 나머지 0이므로

45 mod 7=3　45÷7=6, 나머지 3이므로

달력 계산으로 다시 돌아가서, 주어진 날짜의 요일을 알아내려면 숫자 다섯 개가 필요하다.

1. 일수 : 날짜를 이용해 다음과 같이 계산해서 얻는다.

일 수=날짜 mod 7

1924년 3월 15일에서 일 수는 15 mod 7=1이다.

2. 월수 : 몇 월인지 확인하고 일일이 계산해도 되지만 월 수를 아예 외우는 편이 더 낫다.

1월=0

2월=3

3월=3

4월=6

5월=1

6월=4

7월=6

8월=2

9월=5

10월=0

11월=3

12월=5

1924년 3월 15일에서 월수는 3이다.

월 수를 계산하는 법은 이렇다. 1월의 월 수는 0이다. 1월은 31일까지 있고, 31 mod 7=3이므로 1월 1일의 요일과 2월 1일의 요일은 사흘 차이가 난다. 만약 1월 1일의 요일이 월요일이면 2월 1일은 목요일이다. 그러므로 2월의 월 수는 3이다. 2월은 28일까지 있다(윤년에 대해서는 나중에 다루기로 한다.). 28 mod 7=0이므로 3월의 월 수도 3이다. 나머지는 이런 방식으로 직접 계산해보라.

3. 연수 : 이제 계산이 약간 복잡해진다. 네 자릿수 연도에서 끝자리 두 수를 취한다. 1924년이면 24만 취해 다음의 공식으로 계산한다.

(연도의 끝자리 두 수+연도의 끝자리 두 수÷4) mod 7

이 공식은 윤년까지 고려한다. 연도의 끝자리 두 수를 4로 나눌 때 몫은 언제나 자연수만 취한다. 예를 들어 5÷4=1, 6÷4=1, 12÷4=3이다.

1924년의 연수는 다음과 같은 계산으로 얻을 수 있다.

$$
\begin{aligned}
\text{연 수} &= 24+\frac{24}{4} \text{ mod } 7 \\
&= 30 \text{ mod } 7 \\
&= 2
\end{aligned}
$$

4. 세기 수 : 연 수를 구하는 방법과 유사하다. 다만 여기서는 연도의 앞자리 두 수로 계산한다. 그러니까 1924년이면 19만 취한다. 공식은 다음과 같다.

세기 수 = (3-(연도의 앞자리 두 수 mod 4))×2

1924년 3월 15일의 세기 수 계산법은 다음과 같다.

세기 수=(3-(19 mod 4))×2

3-(3)×2

=0

세기 수는 딱 네 가지밖에 없다. 0, 2, 4, 6. 세기수와 함께 윤년이 고려되어야 한다. 1800년처럼 100으로 나누어지는 연도는 윤년이 아니고, 예외적으로 400의 배수인 1600년이나 2000년은 윤년이다.

5. 윤년 수정 : 윤년의 1월이나 2월이면 우리는 1을 빼거나 6을 더해야 한다. 하루 뒤로 가든 6일을 앞으로 가든 상관없다.
1924년은 윤년이다. 그러나 우리의 날짜는 3월 15일로, 1월이나 2월에 있지 않다. 그러므로 윤년 수정을 하지 않아도 된다.
이제 우리는 1924년 3월 15일의 요일을 알아내는 데 필요한 다섯 숫자를 모두 계산했다. 다섯 숫자를 더한다.

1+3+2+0+0=6

1924년 3월 15일은 여섯 번째 요일이라는 뜻이다. 토요일. 만약 다섯 숫자를 합한 수가 7보다 크면 그 수의 모듈로 7을 구하면 된다. 모듈로 7이 0이면 일요일이라는 뜻이다.

달력 계산을 직접 해보고 싶은가? 먼저 다음의 세 날짜로 연습

한 다음, 당신의 생년월일을 계산하여 당신이 무슨 요일에 태어났는지 알아보라.

1966년 5월 26일

1789년 7월 16일

1989년 11월 9일

연 수, 월 수, 일 수의 숫자 저글링을 제대로 했다면 세 경우 모두 같은 요일을 얻었을 것이다. 목요일.

● 피보나치 수

진짜 마술을 배울 시간이다. 숫자 여덟 개를 순식간에 더하기. 결코, 쉬운 일이 아니다. 무작위로 뽑은 여덟 개라면 계산하는 데 어느 정도 시간이 걸린다. 그러나 특정 규칙에 따른 덧셈이라면, 쉽고 빠르게 답을 적을 수 있는 지름길이 있다.

그 한 예가 '피보나치 수'다. 이탈리아 수학자 레오나르도 피보나치Leonardo Fibonacci는 약 800년 전에 토끼의 번식 수를 계산할 수 있는 수열 하나를 적었다. 우리는 이 수열의 규칙을 이용할 것이다.

관객 중 한 사람에게 자연수 두 개를 떠올린 후 혼자만 알고 있으라고 한다. 그리고 앞으로 계산할 여덟 수의 덧셈 규칙을 설명해준다. 관객은 생각했던 두 수를 칠판에 위아래로 나란히 적은 다음 두 수의 합을 바로 아래에 적는다. 그렇게 계속 여덟 수를 적어 내려간다.

예를 들어, 2와 3을 생각했다면 세 번째 수는 2+3=5이다. 네 번째 수는 3+5=8이고 다섯 번째 수는 5+8=13. 그런 식으로 계속 바로 위에 있는 두 수의 합을 적어 내려가는 것이다. 총 여덟 개를 계산해서 최종적으로 열 개의 숫자가 칠판에 적혀 있어야 한다. 관객이 칠판 앞에서 덧셈하고 숫자를 적는 동안(마지막 덧셈 결과는 칠판이 아니라 쪽지에 적는다.) 마술사인 당신은 당연히 칠판을 등지고 서 있어야 한다.

관객이 생각한 두 수가 23과 79라고 가정해보자. 그러면 칠판에는 다음과 같이 숫자 열 개가 적혀 있을 것이다.

23
79
102
181
283
464
747
1211
1958
3169

이제 당신이 칠판으로 다가가 적힌 숫자 열 개를 순식간에 더해 답인 8217을 적는다.

어떻게 한 걸까? 끝에서 네 번째 숫자, 그러니까 747에 11을 곱한다. 1장과 6장에서 배웠듯이 이 곱셈은 아주 간단하다. 각 숫자를 오른쪽 이웃과 더하면 된다.

관객들에게 검산을 맡겨도 좋다. 그들은 꽤 오래 계산기를 두드린 후 당신과 똑같은 답을 내놓을 것이다.

이 트릭을 증명하는 건 어렵지 않다. 처음 생각한 두 수가 a와 b라면 열 개의 수는 다음과 같다.

a
b
$a+b$
$a+2b$
$2a+3b$
$3a+5b$
$5a+8b$
$8a+13b$
$13a+21b$
$21a+34b$

열 개의 총합을 다음과 같은 공식으로 계산할 수 있다.

총합$=2\times(21a+34b)+2\times(5a+8b)+2\times(a+2b)+a$

$=55a+88b$

총합은 끝에서 네 번째 수, $5a+8b$에 11을 곱한 수와 정확히 일치한다. 이 트릭이 왜 맞는지 이것으로 명확해졌다.

●수의 예언

관객이 떠올린 수를 모른 채, 긴 계산을 마법처럼 푸는 트릭은 정말 멋지다. 관객이 생각한 수와 상관없이 계산 결과는 언제나 똑같으므로 이 모든 게 가능하다. 게다가 이 트릭은 쉽게 들킬 염려도 없다.

다음의 예를 보자. 당신은 관객에게 아무 수나 하나를 생각한 다음 혼자만 알고 있으라고 말한다. 그리고 다음의 순서로 계산하라고 청한다.

1. 생각한 수에 2를 곱한다.
2. 8을 더한다.
3. 2로 나눈다.
4. 생각한 수를 뺀다.

당신이 계산 결과인 4를 맞히는 순간, 관객은 감탄하며 고개를 끄덕일 것이다. 어떻게 된 걸까? 관객이 생각한 자연수가 a라고 하면, 관객은 다음과 같은 계산 과정을 거친다.

$$
\begin{aligned}
\text{결과} &= \frac{2^a+8}{2} - a \\
&= a+4-a \\
&= 4
\end{aligned}
$$

2단계를 살짝 바꿔서 8 대신에 다른 짝수를 더하라고 말해도 된다. 나머지 단계를 그대로 두는 한, 결과는 언제나 당신이 2단계에서 직접 고른 짝수의 절반이 될 것이다.

다음의 트릭은 계산 과정이 더 복잡해서 관객은 당신의 트릭을 꿰뚫어 볼 여유가 없다. 관객은 수를 하나 선택하고 당신의 지시에 따라 계산한다.

1. 11을 더하라.
2. 2를 곱하라.
3. 20을 빼라.
4. 5를 곱하라.
5. 생각한 수의 열 배를 빼라.

당신은 계산 결과인 10을 즉시 맞힐 수 있다. 관객이 어떤 수를 생각했든 상관없다. 이 트릭의 증명은 어렵지 않다. 관객이 생각한 수가 a라면 다음과 같이 계산했다.

$$((a+11)\times 2-20)\times 5-10a=(2a+2)\times 5-10a=10$$

●반사 수의 계산

이번에 소개할 트릭은 더욱 마술 같다. 이번에도 당신은 모르는 수의 계산 결과를 미리 알 수 있다.

관객이 세 자릿수 하나를 생각한다. 이때 한 가지 조건이 있는데, 100의 자릿수가 1의 자릿수보다 적어도 2가 더 커야 한다. 관객이 632를 생각했다고 가정하자. 관객은 632를 다음의 과정에 따라 계산해야 한다.

1. 생각한 수의 순서를 뒤집어, 이른바 반사 수를 적어라.

   236

2. 생각한 수에서 반사 수를 빼라.

   632

   -236

   =396

3. 뺄셈 결과를 적고 그 수의 반사 수를 아래에 적어라.

   396

   693

4. 두 수를 더하라. 결과는 언제나 1089이다.

396

+ 693

=1089

어째서 항상 1089가 나올까? 관객이 생각한 세 자릿수가 abc라고 했을 때, a는 c보다 적어도 2가 더 크다. a, b, c는 한 자릿수 자연수다. 관객이 선택한 수를 십진법으로 표기하면 100a+10b+c가 된다.

이제 1부터 4까지의 계산 과정을 거치는 동안 숫자들에 무슨 일이 생기는지 살펴보자. 아래 표의 네 칸은 1000의 자릿수, 100의 자릿수, 10의 자릿수, 1의 자릿수를 나타낸다.

	1000의 자릿수	100의 자릿수	10의 자릿수	1의 자릿수
생각한 수		a	b	c
1단계 : 반사 수		c	b	a
2단계 : 뺄셈		a-c	0	c-a

a가 c보다 크기 때문에 뺄셈하려면 10의 자릿수에서 10을 빌려와야 한다. 그러지 않으면 c-a가 음수가 되기 때문이다. 이제 1의 자릿수는 10-(a-c)가 되고, 그로 인해 10의 자릿수는 0이 아니라 9여야 하고 100의 자릿수도 1이 줄어 a-c가 a-c-1로 바뀐다. 우

	1000의 자릿수	100의 자릿수	10의 자릿수	1의 자릿수
2단계 : 뺄셈		a-c-1	9	10-(a-c)
3단계 : 반사 수		10-(a-c)	9	a-c-1
4단계 : 덧셈		a-c-1+10-(a-c)+1(올라온 수)10 0만 남고 1이 올라간다.	9+9=18 8만 남고 1이 올라간다.	10-(a-c)+a-c-1=9
결과	1	0	8	9

리는 다시 반사 수를 만들고 두 수를 끝자리부터 더한다.

100의 자릿수에서 덧셈의 결과가 10이므로 100의 자릿수는 0이 되고 1이 1000의 자릿수로 올라간다. 그리하여 우리는 1089를 얻는다. a, b, c가 어떤 수인지는 아무 상관이 없다. 이것이야말로 마술이 아니고 무엇이랴!

뒤에 나오는 과제에서 더 많은 트릭을 만나게 될 것이다. 그리고 이런 트릭의 원리를 직접 밝혀볼 수 있다.

●출생연도 계산

또 다른 숫자 마술은 관객의 출생연도와 관련 있다. 관객 한 명을 선택해 출생연도에 25를 더한 후 나이를 더하라고 청한다. 관객은 출생연도와 나이 그리고 당연히 계산 결과도 혼자만 알고 있어야 한다. 당신은 마지막으로 질문 하나를 한다.

"생일이 언제에요? 몇 월 며칠인지만 알면 됩니다."

관객이 가령 4월 10일이라고 답했다면, 이제 당신은 연기만 살짝 하면 된다.

"음, 4월 10일…… 아주 특별한 별자리인데, 그렇다면 신중하게 생각해야겠군요……."

연기를 하면서 속으로 계산을 해야 한다. 관객이 현재 생일이 지났으면 올해 연도(2013)에 25를 더해서 2038을 얻는다. 밋밋하게 2038이라고 답하지 말고 신비감이 더하도록 잘 꾸며서 말하면 더욱 좋다.

"그러니까 7은 월에 맞지 않고 9는 4월 10일에 너무 가깝고. 그렇다면 8밖엔 없군. 계산 결과는 8로 끝나겠어. 그리고 8 앞에는 204? 아니야, 그래 203! 결과는 2039네요, 맞아요?"

관객은 감탄한 표정으로 고개를 끄덕일 것이다.

만일 생일이 아직 지나지 않았으면 2013에 25 대신 24를 더한다. 결과는 2037이다. 물론 이때도 마법처럼 들리게 잘 꾸며서 말해야 한다.

이 트릭의 비밀은 출생연도와 현재 나이의 덧셈에 있다. 태어난 해에 나이를 더하면 올해의 연도가 나올 수밖에 없다. 그러나 관객은 출생연도에 25를 먼저 더하기 때문에 이 사실을 깨닫지 못한다.

여러 사람을 연달아 속일 때는 출생연도에 더하는 수를 매번 바꾸면 된다. 25 대신에 한번은 112를 한번은 83을. 그렇게 모든 사람에게 다른 수를 적용한다.

수학박물관 '마테마티쿰'을 설립한 알브레히트 보이텔슈파허

Albrecht Beutelspacher에게서 이 트릭의 새로운 버전을 알게 되었다.

1. 외식을 일주일에 몇 번 하고 싶은가? 그 수에 2를 곱하라.
2. 5를 더하라.
3. 50을 곱하라.
4. 현재 생일이 지났으면 1763을 더하고 아직 지나지 않았으면 1762를 더하라.
5. 출생연도를 빼라. (출생연도는 네 자릿수다!)

결과는 세 자릿수다. 첫 번째 숫자는 일주일에 외식하고 싶은 횟수이고, 나머지 두 숫자는 나이와 일치한다! 만약 결과가 두 자릿수면 외식을 한 번도 나가고 싶지 않다는 뜻이다.

그러나 이 계산법은 2013년에만 쓸 수 있다. 2014년에는 4단계에서 1764(생일이 안 지났으면 1763)를 더해야 한다. 해마다 1씩 높이면 된다. 2013년에 이 계산이 어떻게 가능한지 살펴보자.

외식을 a번 나가고 싶다. a는 0에서 7 중 하나일 것이다. 1단계에서 3단계까지를 계산하면 이렇다.

$$(2a+5)\times 50=100a+250$$

생일이 벌써 지났고 올해 나이가 b(b는 두 자릿수다!)라고 가정해 보자. 그러면 4단계와 5단계의 계산은 이렇다.

결과=100a+250+1763-출생연도

=100a+2013-(2013-b)

=100a+b

b는 나이이고 두 자릿수이므로 결과의 마지막 두 숫자가 나이다. 그리고 첫 번째 숫자는 a이므로 외식을 나가고 싶은 횟수와 일치한다.

●나이 알아맞히기

9로 나눈 나머지를 이용하는 계산은 확실히 기발하다. 3장에서 확인했듯이, 각 자릿수의 합이 9의 배수이면 그 수 역시 9의 배수다. 그러나 각 자릿수의 합이 폭로하는 정보는 이게 다가 아니다. 각 자릿수의 합은 그 수를 9로 나누었을 때의 나머지도 말해준다. 예를 들어 33을 보자. 각 자릿수의 합은 3+3=6이고 6은 곧 33을 9로 나누었을 때의 나머지다. 33÷9=3, 나머지 6.

9의 도움으로 당신은 처음 보는 사람의 나이를 정확히 맞힐 수 있다. 관객에게 아무 자연수나 하나를 골라 9를 곱한 다음 나이를 더하라고 청한다. 당신은 계산 결과의 각 자릿수의 합을 구하고, 9보다 크면 다시 그 수의 각 자릿수의 합을 구한다. 9보다 작은 수가 나올 때까지 이 과정을 반복한다.

관객이 42세이고 932라는 수를 생각했다고 가정해보자. 그러면 계산 결과는 932×9+42=8430이 나온다. 8430의 각 자릿수의 합은 15이고 이것은 다시 6이 된다. 이렇게 얻은 각 자릿수의 합은, 그 사람의 나이를 9로 나누었을 때의 나머지와 정확히 일치한다. 그러므로 상대방의 가능한 나이는 6, 15, 24, 33, 42, 51, 60, 69, 78, 87 혹은 96세다. 마지막으로 나이를 맞히는 일은 당신의 안목에 달렸다. 33세일까 42세일까 아니면 51세일까? 9년씩 차이가 있으므로 기본적으로 나이를 가늠하여 정확히 42세라고 맞힐 수 있다.

이 트릭의 원리를 간단히 설명하면 어떤 자연수의 9의 배수에 나이를 더하면, 그 결과를 9로 나누었을 때의 나머지와 나이를 9로 나누었을 때의 나머지가 똑같다. 그러므로 각 자릿수의 합은 나이를 9로 나누었을 때의 나머지와 정확히 일치한다.

수수께끼를 수집하고 발명하기로 유명한 마틴 가드너Martin Gardner가 나이 알아맞히기에 지폐를 추가했다. 관객이 고른 수에 9가 아니라 마술사가 지갑에서 꺼낸 지폐의 일련번호를 곱한다. 물론 그 지폐는 마술사가 미리 골라놓은 것이다. 일련번호가 9의 배수인 것으로!

●빠진 숫자 알아맞히기

9를 이용하는 트릭이 하나 더 있다. 이것은 섞어놓은 숫자들과 관련 있다. 당신은 관객에게 열 자릿수의 수를 하나 적으라고 청한다. 수학 마술사인 당신은 당연히 이 수를 보아선 안 된다. 다음 단계로 관객은 기록한 열 자릿수의 각 숫자를 맘대로 섞어 두 번째 열 자릿수를 만든다. 그리고 처음 생각했던 수와 섞어서 만든 수의 차를 구한다. 그러니까 큰 수에서 작은 수를 뺀다.

관객이 9876543210을 골랐다고 가정하자. 그리고 숫자를 섞어 1928374650을 만들었다면 두 수의 차는 7948168560이다.

마지막으로 관객은 뺄셈 결과에 들어 있는 숫자를 말하되, 한 숫자만 제외하고 아홉 숫자를 원하는 순서대로 섞어서 불러준다. 어떤 수를 제외할지는 관객 맘이다.

가령 그가 8을 제외하기로 하고 9, 7, 0, 4, 1, 6, 5, 8, 6의 순서로 불러주었다면 마술사인 당신은 제외된 숫자가 무엇인지 즉시 말할 수 있다. 어떻게? 당신은 관객이 말해준 숫자 아홉 개를 더한다. 그러면 46이 된다. 9보다 작은 수가 될 때까지 각 자릿수의 합을 구한다. 46의 각 자릿수의 합은 10이고 이것은 다시 1이 된다. 이제 9에서 1을 뺀다. 그러면 제외한 수 8이 나온다.

이 모든 트릭이 어떻게 기능하는지 어쩌면 이미 알고 있었을 것이다. 관객이 뺄셈한 두 수는 같은 숫자들로 구성되었고, 그래서 각 자릿수의 합이 똑같다. 그러므로 9로 나누었을 때 나머지도 똑같다. 두 수의 차를 구하면 그 결과는 반드시 9의 배수여야 마땅하다. 동일한 나머지를 제거했기 때문이다.

뺄셈 결과의 각 자릿수의 합이 9의 배수라는 것이 명확해졌다. 그러므로 빠진 숫자를 쉽게 알아낼 수 있다. 관객이 불러준 숫자 아홉 개를 더한 뒤, 각 자릿수의 합을 구하고 그 합을 9에서 빼면 된다. 단, 각 자릿수의 합이 9보다 작은 수가 될 때까지 계산해야 한다.

그러나 이 트릭에는 작은 함정이 있다. 만약 관객이 0이나 9를 제외하면 당신은 0인지 9인지 결정할 수가 없다. 그러므로 0은 안 된다고 단서를 붙임으로써 미리 함정을 없애버려야 한다. 아니면 이렇게 말할 수도 있다.

"혹시 0을 제외했나요? 0이 아니라면…… 잠깐만요, 다시 계산해보면 7+2-3+1, 음, 그럼 9네요."

솔직히 말해보라. 각 자릿수의 합으로 마술을 부릴 수 있다는 생각을 해본 적이 있는가? 어쨌든 나는 이런 마술 트릭에 깊은 인상을 받았다. 지금까지 다룬 마술 트릭을 더 확장해서 사용할 수 있다. 그러면 계산 과정이 더욱 복잡하고 가늠할 수 없게 보일 것이고 당신은 더욱 멋지게 관객을 엉뚱한 방향으로 홀릴 수 있다. 제아무리 눈치가 빠른 관객이라도 트릭을 눈치채기가 쉽지 않을 것이다.

진짜 마술 같은 더 많은 수학 트릭을 이 책의 마지막 장인 9장에서 만나게 될 것이다. 마술에 빠지기 전에 잠깐 카드 수집 열기에 빠져보자.

과제

과제 31

상대방에게 생일 날짜에 2를 곱하고 5를 더한 다음 50을 곱하고 여기에 월을 더하라고 한다. 그런 다음 계산 결과를 묻는다. 당신은 그 결과를 듣는 즉시 상대방의 생일을 알아맞힐 수 있다. 어떻게 그것이 가능할까?

과제 32

어떤 수에 37을 곱하고 17을 더한 다음 다시 27을 곱하고 7을 더한다. 그 결과를 999로 나누면 나머지는 항상 466이다. 왜 그럴까?

과제 33

서로 다른 숫자 셋을 생각한다. 숫자 세 개를 조합하여 만들 수 있는 두 자릿수는 총 여섯 개다. 이 여섯 수를 모두 더한다. 그 결과를 세 숫자의 합으로 나눈다. 최종 결과가 항상 22임을 밝혀라.

과제 34

세 자릿수 두 개를 생각한다. 한 번은 첫 번째 수를 앞에 두고 또 한 번은 첫 번째 수를 뒤에 두어 여섯 자릿수 두 개를 만든다. 이 두 수의 차를 구한다. 처음 세 자릿수 두 개의 차도 구한다. 여섯 자릿수의 차를 세 자릿수의 차로 나누면 결과는 항상 999이다. 왜 그럴까?

과제 35

동갑내기 열두 명이 있다. 같은 해에 태어났지만, 생일은 모두 다르다. 아이들 각자의 생일 날짜와 월을 곱한다. 예를 들어 생일이 4월 8일이면 $4\times8=32$가 된다. 아이들의 계산 결과는 다음과 같다.

니나 153, 헬레나 128, 니콜라스 135, 막스 81, 루비 42, 한나 14, 레오 300, 마를레네 187, 아드리안 130, 벨라 52, 파울 3, 릴리 49.
열두 아이의 생일을 맞혀라.

2년마다 똑같은 일이 반복된다. 월드컵과 유럽컵이 다가오면 아이들뿐 아이라 어른들까지도 수집 열기에 빠진다. 단, 수학적으로 수집 열기에 동참하는 사람은 남들보다 적은 돈으로 앨범을 채울 수 있다.

8 교환과 나눔
체계적인 수집

수집 앨범 아이디어가 정확히 언제 어디서 시작되었는지 밝히기는 어렵다. 추측건대 19세기 중엽 파리에서 처음 시작되지 않았을까 싶다. 세계 최초의 백화점인 '봉마르셰'가 물건을 구매한 고객에게 그림카드를 선물로 주었고 얼마 후에는 시리즈 그림카드가 등장했다. 아이들은 놀면서, 우아한 파리 여인들은 산책하면서 서로 그림카드를 자랑했고 이것이 고객들을 다시 백화점으로 불러들였다.

초콜릿 공장 사장인 프란츠 슈톨베르크Franz Stollwerck는 1840년부터 이른바 '화보 초콜릿'을 생산했다. 초콜릿 포장지에 쾰른 대성당 같은 그림이 그려져 있다. 화보수집 바람이 독일에도 불었다. 나중에는 화보들만 따로 판매되었다.

곧 담배 화보들이 뒤를 이었다. 원리는 항상 똑같다. 1936년 올림픽 잡지, 연예 잡지, 월드컵 잡지 등이 수집 앨범을 부록으로 주거나 저렴한 가격에 제공한다. 그러나 이 앨범을 채울 그림카드는 초콜릿이나 담배 안에 들었거나 가판대에서 따로 사야 한다.

일단 수집 열기가 깨어나면 그다음부터는 저절로 굴러간다. 가판대를 한번 보라. 정말 다양한 주제의 수집카드들이 진열되어 있다. 스타워즈, 분데스리가, 동물, 심슨 가족, 레슬링…….

유럽컵이나 월드컵처럼 큰 축구대회가 특히 인기가 높다. 나는 2012년 유럽컵 때 수집 열기에 동참했고 십여 장짜리 한 봉지가 아니라 다섯 장씩 100봉지가 들어 있는 한 상자를 샀다. 앞으로 확인하게 될 터인데, 당연히 한 상자 안에 든 500장이 모두 다른 카드일 경우는 없다. 그랬다면 유럽컵 앨범을 아직도 다 못 채웠을 리가 없다. '파니니'가 제작한 2012년 유럽컵 수집카드는 총 540장이었다.

다섯 장짜리 한 봉지가 대략 60센트(약 900원)다. 540장을 모으려면 적어도 64.80(약 97,200원)유로를 써야 한다는 얘기다. 어떻게 하면 적은 비용으로 수집 앨범을 다 채울 수 있을까? 친구나 동료들과 남는 카드를 교환하는 방법이 있다. 올바른 선택이다. 나는 이 장에서 카드 교환에 대한 수학적 배경뿐 아니라, 돈을 많이 쓰지 않고도 수집 앨범을 다 채울 수 있는 좋은 방법도 알려줄 것이다.

●주사위 던지기 유추해석

다행스럽게도 수집카드 문제는 이해하기 쉽다. 이것은 확률계산에 속한다. 주사위를 던졌을 때 6이 나올 확률이 얼마인지 당신은 잘 알고 있다. 그렇다, 1/6이다.

6이 나올 때까지 주사위를 던진다면 평균 몇 번을 던져야 할까? 그다지 어려운 계산이 아니다. 6이 나올 확률의 역을 만들면 된다. 즉 1/6의 역인 6이라는 결과를 얻는다. 적어도 한 번 6이 나오려면 평균 여섯 번을 던져야 한다는 뜻이다.

세 번 만에 6을 만날 때도 있지만 열두 번을 던져도 6이 나오지 않을 때도 있다. 주사위를 계속 던지다 6이 나오면 그만두기를 여러 번 반복하면, 6이 나올 때까지 던져야 하는 평균 횟수

2012년 유럽컵 파니니 수집 앨범 : 총 540장을 모아야 한다.

를 구할 수 있는데, 아주 많이 반복해야 평균 횟수가 6이 나올 것이다.

이제 축구 카드를 보자. 수집 앨범을 하나 샀고, 총 540장의 다양한 카드를 모아야 한다. 아직 한 장도 없으면, 새 카드를 손에 넣을 확률은 얼마인가? 당연히 1이다. 단 한 장도 갖고 있지 않으므로 처음 산 카드가 바로 아직 앨범에 없는 새 카드이다.

나는 이제 앨범에 카드 한 장을 넣었다. 두 번째 산 카드가 아직 앨범에 없는 새 카드일 확률은 얼마인가? 총 540장이므로 확률은 539/540이다. 그러므로 앨범에 두 번째 카드를 넣으려면 평균 540/539장을 사야 한다. 540/539=1.0018로 거의 1이나 마찬가지다. 그러므로 기본적으로 한 장만 사면 충분할 것이다.

나는 이제 두 장의 서로 다른 카드를 갖고 있다. 세 번째 사는 카드가 아직 앨범에 없는 새 카드일 확률은 538/540이다. 앨범에 세 번째 카드를 넣으려면 평균 540/538장을 사야 한다. 540/538=1.0037이다.

요약하면, 서로 다른 세 장의 카드를 수집 앨범에 넣으려면, 평균 1+1.0018+1.0037=3.0055장을 사야 한다.

$$1+\frac{540}{539}+\frac{540}{538}$$

1을 분수식으로 쓰면 다음과 같은 수식이 된다.

$$\frac{540}{540}+\frac{540}{539}+\frac{540}{538}$$

수식에서 규칙이 보이는가? 카드수집 공식의 앞부분을 벌써 발견했다. 네 번째 카드는 540/537이고 그다음은 540/536……. 그렇게 계속된다.

●마지막 남은 한 장이 가장 비싸다

완성된 공식을 쓰기 전에, 수집 앨범이 거의 다 찼을 때 무슨 일이 벌어지는지 잠깐 살펴보자. 딱 한 장만 비었다고 가정해보자. 새로 한 장을 샀을 때 그것이 바로 내가 아직 갖고 있지 않은 마지막 한 장일 확률은 얼마인가? 540장 중 하나이므로 확률은 1/540이다. 이것은 마지막 한 장을 얻기 위해 평균 540장을 사야 한다는 뜻이기도 하다. 만만치 않은 비용이다!

모두 모였나? 일단 이탈리아 선수들은 다 모았다.

만약 아직 두 장이 비었다면 새로 산 한 장이 그 두 장 중 하나일 확률은 2/540이다. 그러므로 평균 540/2=270장을 사야 한다. 세 장이 비었다면 평균 540/3=180장을 새로 사야 한다.

마지막 한 장을 채우려면 정말 큰 비용이 든다는 걸 앞에서 이미 확인했다. 반면 빈 앨범을 채우는 초반에는 아주 빨리 진행된다.

카드수집 공식은 다음과 같다.

$$\text{구입해야 할 카드 수} = \frac{540}{1} + \frac{540}{2} + \frac{540}{3} + \cdots \frac{540}{538} + \frac{540}{539} + \frac{540}{540}$$

$$\left(\frac{1}{1} + \frac{1}{2} + \frac{1}{3} + \cdots \frac{1}{538} + \frac{1}{539} + \frac{1}{540}\right) \times 540$$

괄호 안의 수식을 수학자들은 '조화급수 분수의 합'이라 부른다.

$$H_n = \frac{1}{1} + \frac{1}{2} + \cdots \frac{1}{n}$$

이런 분수의 합을 쉽게 계산하는 요령은 안타깝지만 없다. 그러나 계산기만 있으면 이 버거운 덧셈을 조금 쉽게 풀 수 있는 접근 공식이 있다.

$$H_n = \ln(n) + 0.5772\cdots$$

이 공식에서 ln(n)은 자연로그(오일러의 수 e=2.71…을 밑으로 하는 수)이고 0.5772는 이른바 '오일러-마스케로니 상수'인데, 여기에는 소수점 이하 네 자리까지만 적었다.

2012년 유럽컵 파니니 앨범은 다음과 같은 결과가 나온다.

구입해야 할 카드 수$=540\times(\ln(540)+0.5772)$

$=540\times(6.2916+0.5772)$

$=3709.152$

필요한 카드 한 장을 얻기 위해 남는 카드 두세 장을 다른 수집가에게 주는 일 없이 순전히 혼자 힘으로 파니니 앨범을 다 채우려면 평균 3,710장을 사야 한다. 이것은 다섯 장짜리 742봉지를 사야 한다는 얘기고, 445.20유로(약 63만 원)를 써야 한다는 뜻이다. 엄청난 액수다!

다음의 그래프를 보면, 수집이 초기에 얼마나 빨리 진행되는지 그리고 뒤로 갈수록 구입해야 하는 카드 개수가 얼마나 많아지는지 명확히 알 수 있다. 가로의 x축은 구입한 카드 개수를 나타내고 세로의 y축은 수집 앨범에 들어간 카드 개수를 나타낸다. 500장을 사면 약 320장이 채워지고 1,000장을 사면 약 450장, 3,710장을 사야 마침내 서로 다른 카드 540장을 다 채울 수 있다. 하지만 여기서 잊으면 안 되는 사실이 있는데, 이것은 평균값이다! 앨범 하나를 다 채우는 데 이것보다 더 빠를 수도 있지만, 또한 더 느릴 수도 있다.

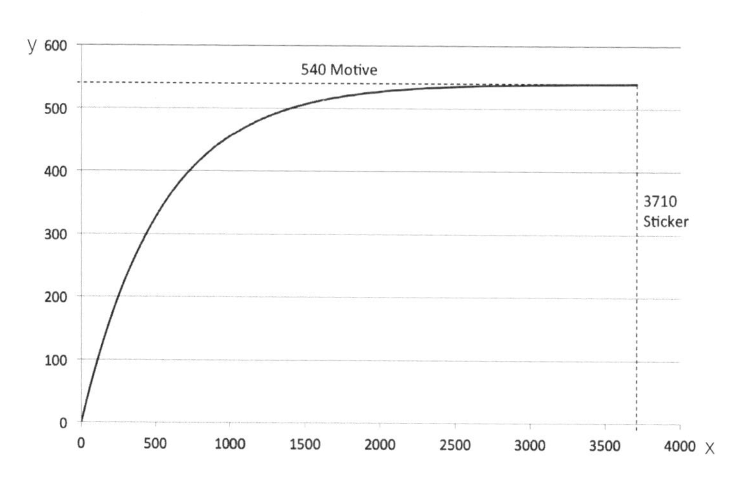

수집곡선 : 카드 3,710장(x축)을 산 사람이 마침내 서로 다른 카드 540장(y축)을 앨범에 채울 수 있다.

3,710장에는 당연히 똑같은 카드가 두 장, 세 장, 넉 장 그 이상이 들어 있다. 수집해야 할 아이템이 총 540종이므로 같은 카드가 평균 6.9장씩 들어 있다.

겹치는 카드가 여러 장 들어 있다는 것이 좋은 아이디어를 제공한다. 여러 사람이 같이 수집을 시작하고 겹치는 카드가 생기면 다른 수집가에게 주면 되지 않겠는가! 3,710장을 서로 나누어 가지면 몇 명이나 앨범을 다 채울 수 있을까? 이것을 계산하기는 그리 간단치가 않다.

●형제 수집 방법

형제가 함께 수집한다면, 카드를 교환하기 위해 모르는 사람을 만날 필요도 없고 적은 돈으로 수집 앨범을 채울 수 있다.

이른바 '형제 수집 방법'에는 두 가지 전제조건이 있다. 첫째, 모두가 수집 앨범을 하나씩 가지고 있고 둘째, 수학적 이해를 위해 나이에 따른 서열을 정한다. 이를테면, 맏이가 모든 스티커를 사고 제일 먼저 자기 앨범을 채운다. 겹치는 카드가 생기면 둘째에게 준다. 그러면 둘째는 맏이가 한 것처럼 먼저 자기 앨범을 채우고 나머지를 셋째에게 준다. 형제가 일곱이면 같은 카드가 총 일곱 장이 있어야 한다.

이제 궁금증이 생긴다. 가령 1,000장을 산다면, 그 중에서 몇 장이 둘, 셋, 넷, 혹은 그 이상이 똑같은 카드일까? 수학적으로 보면, 그것은 지금까지 살펴봤던 카드수집 공식보다 확실히 까다로

불운한 수집가 : 같은 카드 두 장

운 계산이다. 그러나 수학자들이 괜히 있겠는가! 이 문제를 여태 연구하지 않았거나 풀지 못했을 리가 없다! 그들은 '포아타-한-라스-공식Foata-Han-Lass-Formel'을 찾아냈다.

이 공식을 설명하면 책이 무지막지하게 두꺼워질 것이다. 우리가 궁금한 건 과정이 아니라 결과다.

그래서 나는 이 공식에 대한 논문을 쓴 뉴저지 럿거스 대학의 도론 차일베르거Doron Zeilberger에게 연락했다. 2012년 유럽컵 파니니 앨범에 대해 간략히 설명하자, 그는 친절하게도 나를 위해 숫자 몇 개를 조사해 주었다. 그는 계산기를 쓰지 않았다. 그는 '메이플'이라는 소프트웨어를 사용했다.

그는 메이플 프로그램을 이용하여, 축구 팬이 정확히 3,710장(앨범 하나를 다 채우는 데 평균적으로 사야 할 카드 수)의 카드를 샀을 때 몇 장을 몇 회에 걸쳐 교환해야 하는지 계산했다.

그가 말해준 수에 나는 깜짝 놀랐다! 나는 처음에, 한 수집가가 3,710장을 사면 540개 종류가 그 안에 있고 각 카드는 정확히 3710÷540=6.9장씩이라고 생각했었다. 그러나 그렇지 않았다. 일곱 개 아이템은 딱 한 장씩만 있었다. 두 장도 세 장도 아닌 단 한 장뿐이다. 맏이가 이 일곱 장을 자기 앨범에 넣으면 동생들 앨범에는 이 카드들이 빈다.

한편, 두 개의 아이템이 16장씩 있고, 한 아이템이 17장이나 있다. 여기에서도 잊지 말아야 할 것이 있는데, 이건 평균이다. 실제로 3,710장을 사서 형제들과 나눌 때는 전혀 다를 수 있다.

다음의 그래프는 평균적으로 몇 개의 아이템이 몇 장씩 들어 있는지 보여준다(소수점 이하는 제거하고 자연수만 표시했다. 총 3,710장을 샀다.).

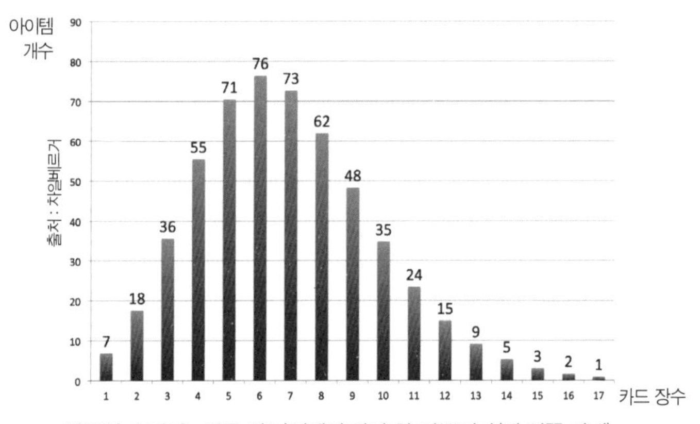

불운한 수집가 : 일곱 개 아이템이 각각 한 장뿐이다(맨 왼쪽 막대). 반면 한 아이템이 17장이나 있다(맨 오른쪽 막대).

두 형제가 함께 수집한다면, 동생에게는 아직 일곱 아이템이 없다. 그것은 한 장씩만 있고 벌써 형이 앨범에 넣었기 때문이다. 부족한 일곱 아이템만 아니면 형제는 수집 앨범을 다 채웠으리라. 나머지 아이템은 어차피 두 장, 세 장 혹은 그 이상씩 있으니까.

세 형제가 함께 수집한다면, 둘째는 똑같이 일곱 아이템이 없고 셋째는 벌써 7(한 장씩만 있는 아이템)+18(두 장씩만 있는 아이템)=25개의 아이템이 없다.

이 규칙에 따라 우리는 부족한 카드 개수를 쉽게 계산할 수 있다. 만약 다섯 형제가 수집한다면, 막내는 네 장씩만 있는 아이템 55개가 모두 없다. 세 장씩만 있는 아이템은 넷째와 막내가 없으므로 36×2=72, 두 장뿐인 아이템은 셋째, 넷째, 막내가 없으니 18×3=54, 그리고 단 한 장뿐인 아이템은 맏이를 제외한 모두가 없으니 7×4=28이 된다. 그러므로 동생들이 모두 앨범을 채우기 위해서는 총 55+72+54+28=209장의 카드가 더 필요하다.

동생들은 아직 못 채운 카드를 얻기 위해 다른 아이들과 교환을 시도할 수 있다. 어차피 아무도 쓰지 않는 카드가 수백 장씩 남으니까.

● 100유로 이하로 앨범 채우기

축구카드를 파는 파니니는 빠진 카드를 별도로 주문할 기회를 제공한다. 물론 일반가격보다 비싸다. 하지만 행운을 바라며 계속 카드를 사는 것보다는 확실히 저렴하다. 한 사람당 서로 다른 카드를 50장까지 주문할 수 있다. 이 카드는 한 장에 12센트(약 160원)가 아니라 18센트(약 240원)이고, 배송료 3유로(약 4,200원)가 붙는다. 그러므로 50장이면 총 12유로(약 1만 7천 원)가 든다. 209장이 부족하면 50장씩 네 번을 주문하고 마지막으로 9장을 주문해야 한다. 그러면 배송료까지 모두 합쳐 52.62유로(약 7만 4천 원)가 든다.

다섯 형제는 이미 3,710장을 445.20유로에 샀다. 그러므로 앨범 다섯 개를 모두 채우는 데 약 498유로(445.20+52.62)가 들었고, 한 사람당 100유로가 채 안 들었다.

어쨌든 이 형제는 맏이가 먼저 앨범을 모두 채우고 남는 것들을 동생에게 주는 엄격한 서열을 따지지 않아도 된다. 그 대신 각자가 3,710장의 5분의 1, 즉 742장씩 구입하여 자기 앨범을 채운 다음 남는 카드를 한 곳에 모두 모은 후 각자 필요한 카드를 꺼내 간다. 한 사람이 3,710장을 사든 다섯 명이 각각 742장을 사든 수학적으로 보면 차이가 없다.

공동 수집과 추가 주문에는 행운을 빌며 수백 봉지를 여는 긴장감은 없겠지만 어쨌든 많은 돈을 아낄 수 있다.

● 파니니의 트릭?

지금까지의 모든 계산은 파니니가 카드를 똑같이 분배해서 포장했다는 전제에서만 맞다. 그러나 수집가들의 불평을 들어보면, 특정 팀이나 선수가 유난히 자주 나온다고 한다. 이것은 확실히 기업의 이윤을 높일 테지만, 파니니가 굳이 그런 트릭을 쓸 필요가 있었을까? 우리가 비록 직관적으로 각 카드가 약 7장씩 겹칠 거라 예상하지만, 형제 수집에서 보았듯이 여러 카드가 13장, 14장, 심지어 16장씩 겹친다.

직접 해본 표본검사를 근거로, 나는 기본적으로 카드가 똑같이 배분되었다고 믿는다. 2012년 유럽컵이 열리기 전에 나는 〈슈피겔 온라인〉 독자에게 가지고 있는 카드 개수를 입력해 달라고 청했다. 나는 표본으로 16개 팀의 골키퍼 16명과 독일 대표팀 전체를 골랐다. 독자들은 이 카드를 가졌는지, 몇 장이나 가졌는지 입력해야 했다.

총 266명이 설문에 응했다. 그러나 51명의 설문을 솎아내야 했는데, 아무것도 입력하지 않았거나 잘못된 숫자를 입력했기 때문이다. 결국, 총 9,527개 카드가 포함된 215개 설문을 분석하게 되었다.

언뜻 보면, 그다지 눈에 띄지 않는 수치다. 예를 들어 총 16명의 골키퍼를 보면, 각 아이템이 200장에서 300장 사이를 오갔다. 비록 균등하게 배분되진 않았지만, 극단적인 차이가 있지도 않았다. 300장이 살짝 넘어 가장 많이 나온 아이템은 잔루이지 부폰Gianluigi Buffon(이탈리아)과 페트르 체흐Petr Cech(체코)였고, 네덜란드, 포르투갈, 우크라이나 골키퍼들은 200장이 살짝 넘어 가장 적었다.

어쨌든 내가 표본으로 정한 아이템 중 334장으로 가장 자주 등장한 것은 카드번호 231번으로, 독일팀 주장 필립 람Philipp Lahm이었다. 표본으로 고른 아이템들의 평균값인 251을 기준으로 했을 때, 필립 람 카드는 플러스 33퍼센트이다. 178장으로 가장 드문 아이템(마이너스 29%)도 독일팀에서 나왔다. 카드번호 249번 마누엘 노이어Manuel Neuer. 노이어 카드가 하나 더 있는데(카드번호 229), 고전적인 명함사진으로 이 카드는 273장이 나와 평균값보다 더 많았다.

이 수치들은 무엇을 뜻할까? 특히 인기가 많아서 필립 람이 더 자주 포장되었을까? 아니면 평범한 차이일 뿐일까?

●통계학이 폭로하는 것

표본검사에서 나온 수치들이 균등한 배분과 잘 맞는지 검사할 수 있는 통계학 방법이 있다. '카이제곱 검정Chi-squared test'이라는 것인데, 간략히 말해 개별 수치가 평균값에서 얼마나 떨어져 있는지를 확인하여 표의 수치들과 비교한다.

카이제곱 검정의 결과는 명확하다. 카드 개수의 차이는 균등분배보다 약간 더 크다. 그러나 나는 이 결과를 파니니가 트릭을 쓴다는 증거로 삼지 않을 것이다. 그러기에는 수치 기반이 너무 작고 게다가 불확실하다. 인터넷을 통한 설문이므로 응답자들을 검사할 수 없다.

〈슈피겔 온라인〉에 카드통계학을 보도한 이후, stickermanager.com이나 페이스북 같은 인터넷사이트를 이용하는 여러 수집가가 연락을 해왔다. 그들은 540개 아이템을 대상으로 등장 빈도수를 입력했다. 특히 stickermanager.com의 데이터는 수천 명이 참여했으므로 기본적으로 쓸 만한 수치였다.

그럼에도 나는 stickermanager.com의 통계를 그다지 신뢰하지 않는다. 이 웹사이트는 이름에 걸맞게 '가장 인기가 높고 가치가 높은 카드'의 순위를 정한다. 인기와 가치가 높은 카드란 구하는 사람이 많은 카드란 뜻이다. 순위를 보면, 수집가들은 은색으로 인쇄된 팀의 마스코트나 심벌 카드를 특히 선호한다.

이 순위표를 믿는다면, 은색카드가 보통의 선수카드보다 확실히 희귀하다는 뜻이다. 그러나 그것은 수집가로서 내가 경험한 것과 맞지 않다. 심벌과 마스코트는 자주 들어 있었다. 또한, 약 4,000장을 기반으로 하는 페이스북의 수치가 stickermanager.com의 순위표와 모순된다. 페이스북 수집가들 사이에서 은색카드는 그렇게 희귀하지 않았다.

나의 데이터와 페이스북의 데이터는 비교적 적은 카드를 기반으로 한다. 하지만 내 생각에, stickermanager.com에서 특히 은색카드가 인기가 높은 까닭은 아이들이 그 카드를 유난히 좋아하고 다른 카드 두세 장과도 선뜻 바꾸려 하지 않기 때문이다. 물론 이것은 가설에 불과하다. 수백, 수천 수집가에 대한 폭넓은 통계라야 증명할 수 있으리라.

어쨌든 나는 다음 월드컵과 유럽컵이 벌써 기대된다! 어쩌면 그땐 인터넷의 카드교환 사이트와 공동 작업으로 카드에 대한 신빙

성 있는 통계를 낼 수 있을지 모른다.

대량 포장에서 여러 아이템이 두세 장씩 겹치고 그럼에도 여전히 몇몇 아이템을 구하기 어려운 까닭을 이제 당신은 안다. 그것은 많은 사람이 생각하는 것처럼 카드 생산자가 특정 아이템을 더 적게 인쇄했기 때문이 아니다. 수학이, 정확히 말해 조합론이 불균등 배분처럼 보이게 한다. 원리를 이해한 사람이라면 수집 앨범을 채우는 데 아까운 용돈을 더는 허비하지 않으리라.

과제

과제 36

상자 여덟 개에 각각 똑같은 수량의 나사가 들어 있다. 각 상자에서 30개씩을 꺼냈다. 그러자 여덟 개 상자에 든 나사의 수량이 처음 두 개의 상자에 들었던 나사의 수량과 같아졌다. 상자 하나에 들었던 나사는 원래 몇 개였을까?

과제 37

303030303^2을 303030302로 나누면 나머지는?

과제 38

평면에 점 A와 점 B가 있다. 컴퍼스만 이용하여 두 점과 나란한 곳에 점 C를 찍어라.

과제 39

새로운 방식의 주사위 던지기를 해보자. 짝수가 나오면 그 수만큼 플러스 점수를 받는다. 홀수가 나오면 그 수만큼 마이너스 점수를 받는다. 다섯 번을 연속해서 던졌는데, 두 번이 같은 수가 나왔고 나머지 세 번은 모두 달랐다. 최종 점수가 0점이었다면, 주사위 숫자 다섯 개는 무엇이었을까?

과제 40

서로가 적인 마피아 다섯 명이 결투를 위해 자정 무렵 어두운 광장에서 만났다. 그들은 모두 서로 다른 거리를 두고 떨어져 있었다. 각자 정확히 한 발씩 쏠 수 있고, 12시 정각이 되는 순간 가장 가까이 있는 상대를 쏴서 죽이기로 했다. 이때 적어도 한 명은 살아남는다는 걸 증명하라.

당신은 이미 숫자 마술을 할 줄 안다. 이제 주사위, 종이, 카드, 지폐,
도미노 패를 이용한 놀라운 수학 마술을 익혀 레퍼토리를 늘려보자.

9 황홀한 매혹

주사위, 카드, 종이를 이용한 마술

나는 뫼비우스의 띠로 유치원생들을 깜짝 놀라게 한 적이 있다. 당신은 아마 뫼비우스의 띠를 이미 알고 있을 테고 어쩌면 직접 만들어 본 적도 있을 것이다. 종이를 길게 잘라 한쪽 끝을 180도 돌려 양 끝을 붙이면 신기한 특징을 가진 고리가 생긴다.

뫼비우스의 띠는 안과 밖이 없다. 안이 밖이고 밖이 곧 안이다. 작은 인형을 안쪽에 세우고 띠를 따라 한 바퀴를 돌고 나면 갑자기 밖에 서 있다. 단순한 종이로 만들어진 뫼비우스의 띠가 우리를 패러독스의 세계로 데려간다!

우리는 이제 이 뫼비우스의 띠를 마술에 이용하고자 한다. 효과를 높이기 위해 기다란 종이 띠 세 개를 잘라 서로 다른 크기의 고리를 만들 것이다. 첫 번째 띠는 어느 쪽도 돌리지 않고 그냥 양 끝을 붙인다. 그러면 평범한 고리가 생긴다. 두 번째 띠는 뫼비우

뫼비우스의 띠 : 안과 밖이 없다.

스의 띠를 만든다. 그러니까 한쪽 끝을 180도 돌려서 붙인다. 세 번째 띠는 한쪽 끝을 완전히 한 바퀴, 그러니까 360도 돌려서 붙인다.

종이를 길고 가늘게 자를수록 다양한 고리를 만들어내기가 쉽다. 이제부터 진짜 트릭이 시작된다. 세 개의 고리를 각각 중앙선을 따라 길게 반으로 자른다. 앞의 사진을 보면 잘라야 하는 선이 표시되어 있다. 아래의 사진은 선을 따라 반을 자른 뫼비우스의 띠 모습이다.

잠깐, 가위를 대기 전에 예상해보라. 중앙선을 따라 자르면 어떻게 될 것 같은가? 나는 처음에, 중앙선을 따라 고리를 자르면 두 개의 고리가 생길 거로 생각했었다. 그러나 세 개 중에 하나만 이런 결과를 보여준다.

마술 : 중앙선을 따라 뫼비우스의 띠 자르기

어느 쪽도 돌리지 않고 붙인 평범한 고리가 그것이다. 중앙선을 따라 반으로 자르면 똑같은 크기의 고리 두 개가 된다. 한쪽 끝을 360도 한 바퀴를 돌려 붙인 고리가 감탄을 자아낸다. 중앙선을 따라 반을 자르면 똑같이 꼬인 고리 두 개를 얻는데, 두 고리가 서로 연결되어 있다.

뫼비우스의 띠에서는 더욱 신기한 일이 벌어진다. 중앙선을 따라 반으로 잘라도 여전히 고리가 하나다. 대신 자르기 전보다 두 배로 커져 있고 마찬가지로 꼬여 있다. 그러나 이 고리는 더는 고전적인 뫼비우스의 띠가 아니다. 띠의 끝이 반 바퀴가 아니라 두 바퀴가 꼬여 있기 때문이다.

종이 띠가 길면 길수록 서로 다른 세 고리를 이용한 마술 트릭을 사용하기가 편하다. 긴 띠를 이용하면 뫼비우스의 띠와 한쪽 끝을 완전히 한 바퀴 돌린 띠는 거의 구별되지 않는다. 전혀 돌리지 않고 그냥 붙인 고리라고 해도 살짝 틀어서 놓으면 다른 고리들과 거의 구별이 안 된다. 이제 똑같아 보이는 세 고리를 자르면 고리마다 전혀 다른 결과가 나오는 것이다!

게다가 뫼비우스의 띠는 가위를 이용한 또 다른 마술을 허락한다. 중앙선을 따라 길게 반으로 자르는 대신 삼등분해서 길게 자르면, 같은 굵기의 고리 두 개가 서로 연결된 형태가 된다. 그러나 하나가 다른 하나보다 두 배가 크다. 작은 고리가 고전적인 뫼비우스의 띠고, 큰 고리는 끝을 두 바퀴 돌려 붙인 고리다. 지금 당장 직접 해보시라!

●주사위 마술

기본적으로 숫자를 가진 사물이면 무엇이든 수학 마술에 이용할 수 있다. 도미노 패, 카드, 주사위, 지폐……. 오로지 수학만을 이용한 마술인데도 트릭을 알아차리기 쉽지 않다. 그러나 뒤에서 볼 카드 마술에서는 마술사의 손기술도 필요하다.

우선 주사위로 시작해보자. 잘 알고 있듯이 주사위에는 점이 하나에서 여섯 개까지 찍혀 있다. 주사위의 점 개수를 모두 더하면 1+2+3+4+5+6=21이다. 나는 여섯 개 숫자를 둘씩 짝을 지어 합이 7이 되는 세 그룹(1+6, 2+5, 3+4)으로 만들어 쉽게 계산했다.

놀랍게도 고대에 벌써 이런 원리로 주사위가 만들어졌다. 그리고 오늘날에도 여전히 그렇다. 1의 반대편에 6이 있고 2의 반대편에 5 그리고 3의 반대편에 4가 있다. 서로 반대편에 찍힌 점의 개수를 합하면 항상 7이다. 주사위 발명자는 가능한 한 간단한 대칭 형태의 놀이기구를 만들고 싶었으리라.

●주사위 탑

이제부터 소개하려는 첫 번째 주사위 마술은 합이 7이 되는 원리를 여러 버전으로 이용한다. 관객 중 한 명을 불러 주사위 세 개로 탑을 쌓으라고 청한다. 탑을 쌓는 동안 당신은 돌아서서 눈을 감는다. 그런 다음 탑에서 눈에 보이는 점의 개수를 모두 더해 혼자만 알고 있으라고 말한다.

주사위 탑 : 한눈에 점의 개수 알아보기

이제 탑 맨 윗면에 보이는 점이 몇 개냐고 묻는다. 위의 사진에서처럼 5라고 가정해보자. 나머지 다른 면에 보이는 점의 개수는 몰라도 된다. 그것은 서로 맞은편에 있는 수의 합인 7에 6을 곱한 것과 같기 때문이다. 그러니까 당신은 6×7+5=47을 계산하면 된다. 이것을 아주 신기하게 보이게 하려면 계산 결과를 바로 말하지 말고 마치 머릿속으로 마술의 힘을 발휘해 주사위를 돌려 점의 개수를 더하는 것처럼 연기해야 한다.

"맨 위가 5라면 이쪽은 분명히……."

다른 버전을 보자. 관객에게 다시 주사위 세 개로 탑을 쌓으라고 청한다. 이때 슬쩍 탑 꼭대기 숫자를 본다. 가령 3이라고 해보자. 당신은 돌아선 채로 관객에게 청한다.

"서로 맞닿은 보이지 않는 다섯 면의 숫자를 모두 더하세요."

보이지 않는 다섯 면은 맨 위 주사위의 아랫면, 가운데 주사위의 윗면과 아랫면 그리고 맨 아래 주사위의 윗면과 아랫면이다. 다섯 면의 숫자를 더하려면 관객은 주사위 탑을 잠깐 들었다 놔야 한다. 그러는 동안 당신은 7×3-3=18을 계산하고 결과를 말한다.

관객에게 주사위를 던지게 하고 돌아선 채 어떤 수가 나왔는지 맞히면 더욱 신기한 마술이 된다. 관객에게 주사위 세 개를 주고 돌아선다. 관객은 세 주사위를 던져 나온 숫자를 더한다. 가령 1, 3, 6이 나왔으면 모두 더해 1+3+6=10이 된다. 당신은 돌아선 채로 그에게 부탁한다.

"세 개 중 하나를 골라 바닥에 닿은 부분의 숫자를 더하고 그 주사위를 다시 한 번 던지세요."

관객이 6이 나온 주사위를 골랐다고 가정해보자. 이 주사위의 바닥에 닿은 부분은 1이다. 이것을 지금까지의 합에 더하면 10+1=11이 되고 이제 이 주사위를 다시 던진다. 예를 들어 2가 나왔다고 하면 이것 역시 지금까지의 합에 더하고 최종 결과는 11+2=13이 된다. 관객은 이 수를 기억하고 있어야 한다.

이제 돌아서서 주사위 세 개를 얼른 보면, 셋 중 어느 것이 두 번 던져졌는지 알 수 있다. 그리고 최종 결과도 알 수 있다. 돌아섰을 때 본 주사위 눈을 합한다. 1+3+2=6. 그리고 여기에 7을 더한다. 이 7은 두 번 던진 주사위에서 나온 것이다. 당신은 관객에게 주사위 하나를 골라 바닥에 닿은 수를 더하라고 말했었다. 그리고 마주하는 두 수의 합은 언제나 7이다.

●주사위 숫자 맞히기

마지막으로 소개하려는 주사위 마술은 핵심만 보면 숫자 마술에 속한다. 당신은 등을 돌리고 서서 관객에게 주사위 세 개를 던지게 한다. 관객은 주사위를 던진 후 나온 숫자를 이용해 다음과 같은 계산을 해야 한다.

1. 첫 번째 주사위 숫자에 2를 곱한다.
2. 5를 더하고 그 결과에 5를 곱한다.
3. 두 번째 주사위 숫자를 더하고 그 결과에 10을 곱한다.
4. 세 번째 주사위 숫자를 더한다.

관객이 최종 결과를 말하면 당신은 그 수에서 250을 뺀다. 그러면 세 자릿수 하나가 나오는데, 각 자리의 숫자가 바로 세 주사위의 숫자와 일치한다.

주사위 숫자 a, b, c로 계산해보면($1 \leq a, b, c \leq 6$) 쉽게 원리를 이해할 수 있다.

$$\text{최종 결과} = ((2a+5)\times 5+b)\times 10+c$$
$$= (10a+b+25)\times 10+c$$
$$= 100a+10b+c+250$$

최종 결과에 단지 세 번째 주사위 숫자 c만 끝자리에 등장하기 때문에 관객은 트릭을 눈치채지 못한다. a와 b는 10의 자릿수와 100의 자릿수에 들어 있지만, 250을 더했기 때문에 눈에 띄지 않는다. 정말 멋진 트릭이다!

●환상의 도미노

도미노 패는 28개가 한 조를 구성한다. 28개 한 조를 눈의 개수가 같은 패가 이웃하여 충돌하도록 놓으면 둥글게 원형이 된다. 우리는 이 특징을 마술에 이용할 것이다. 28개로 구성된 완성된 한 조를 취하여 그중 한 개를 슬쩍 바지 주머니에 숨긴다. 이때 3-3처럼 양면에 같은 개수의 눈이 찍힌 패가 아니라 2-4처럼 눈의 개수가 다른 패를 숨겨야 한다.

도미노 : 28개 한 조를 이용한 트릭

이제 관객에게 27개의 패를 주고 청한다.

"도미노 게임에서 하듯이, 점의 개수가 같은 것끼리 마주하도록 모든 패를 세우세요."

몰래 감춘 패의 숫자 2-4를 종이에 적어 숫자가 보이지 않게 탁자 위에 엎어놓는다.

몇 분 후 관객이 세운 도미노를 보면, 한쪽 면이 2이고 다른 한쪽 면이 4인 패로 끝난다. 당신이 탁자 위의 종이를 뒤집으면, 짜잔! 거기에는 정확히 그 두 숫자가 적혀 있다. 당신은 이 마술을 반복해서 쓸 수 있는데, 그 대신 도미노가 똑같은 숫자로 끝나지 않도록 한 번 썼던 패를 다른 패와 몰래 바꿔야 한다.

마술의 원리는 간단하다. 완성된 한 조의 도미노 패는 항상 원형으로 놓인다. 그런데 양면의 숫자가 다른 도미노 패가 하나 빠지면 더는 원을 만들 수가 없다. 그러면 도미노 줄의 양 끝은 사라진 패의 양면에 찍힌 숫자와 똑같이 끝난다.

패를 완전히 새로 세워도 규칙은 변하지 않는다. 1-1 혹은 3-3처럼 양면이 똑같은 숫자인 패를 제외하면, 각각의 눈이 여섯 개의 서로 다른 패를 대표한다. 가령 2-4인 패가 하나 빠지면, 2를 가진 패가 다섯 개뿐이고, 마찬가지로 4를 가진 패도 다섯 개뿐이다. 눈의 개수가 같은 면이 마주하도록 도미노 패를 세워야 하는데, 눈의 개수가 같은 면이 여섯 개가 아니라 다섯 개뿐이라면 다섯 번째 패는 마주할 짝이 없다. 우리의 예에서는 2와 4가 그렇다. 그러므로 도미노 줄의 양 끝에 이 숫자가 나오는 것이다.

● 도미노 패 옮기기

도미노 패를 이용한 두 번째 마술은 단순한 숫자 세기를 기반으로 한다. 카드로도 가능한 마술이다. 양면의 눈의 합이 1에서 13 사이에 있는 도미노 패 13개를 취한다. 예를 들어 0-1, 0-2, 0-3, 0-4, 0-5, 0-6, 1-6, 2-6, 3-6, 4-6, 5-6, 6-6, 0-0. 가장 높은 수가 6+6이므로 양면에 눈이 하나도 없는 패를 13으로 본다.

도미노 패 13개를 1부터 13까지 순서대로 탁자 위에 길게 줄을 세워놓는다. 그런 다음 패를 전부 돌려서 눈이 보이지 않게 한다. 이 모든 준비 과정을 관객이 봐서는 안 된다.

이제 마술이 시작된다. 관객 중 한 명을 나오게 해서 패를 옮기는 방법을 설명한다. 왼쪽 끝에서 원하는 개수만큼 하나씩 오른쪽 끝으로 옮긴다. 단 최대 12개까지만 옮길 수 있다. 시범을 보여도 괜찮다. 왼쪽의 첫 번째 패, 1을 들어 오른쪽 끝에 세운다. 그다음 2, 그다음이 3, 더 옮기고 싶으면 4까지도. 이때 당신은 어떤 패가 맨 왼쪽에 있는지 안다. 바로 5다.

이제 등을 돌리고 서서 관객에게 패를 하나씩 원하는 만큼 오른쪽 끝으로 옮겨달라고 청한다.

관객이 패를 다 옮기면 당신은 돌아서서 줄의 오른쪽 끝에서부터 다섯 번째에 있는 패를 뒤집는다. 이 패의 눈을 보면 관객이 몇 개의 패를 옮겼는지 알 수 있다.

어떻게 가능할까? 시범을 보이느라 옮겨놓은 후, 도미노들은 다음의 순서로 있다.

n n+1 n+2 … 13 1 2 … n-1

이것은 당신이 시범을 보이느라 n-1개의 패를 옮겼고 맨 왼쪽에 눈의 개수가 n개인 패가 있다는 뜻이다. 만일 관객이 한 개만 옮겼으면 다음과 같은 나열이 생긴다.

n+1 n+2 … 13 1 2 … n-1 n

당신이 탁자로 가서 n개의 패를 헤아리면 눈의 개수가 1인 패에 도달한다. 관객이 옮긴 패의 개수와 정확히 일치한다.

만일 관객이 두 개를 옮겼으면 당신이 수를 헤아릴 때 오른쪽으로 한 칸 밀려 2에 도달하고, 세 개를 옮겼으면 3에 도달한다. 이 트릭을 연속해서 사용할 수는 없지만 그래도 강한 인상을 남기기엔 충분하다.

● 50유로 지폐의 일련번호 맞히기

마술사는 돈을 즐겨 사용한다. 관객의 귀에서 지폐를 꺼내는 멋진 마술을 생각해보라. 당신도 지폐를 이용한 마술을 할 수 있다. 바로 지폐의 일련번호를 알아맞히는 것이다. 50유로짜리 지폐여도 되고 20유로 혹은 10유로짜리여도 상관없다. 어떤 지폐든 일련번호는 알파벳 하나에 숫자 11개로 구성되어 있다. 관객이 몇몇 계산을 마친 후 최종 결과를 알려주면 당신은 일련번호에 있는 숫자 11개를 알아맞힐 수 있다.

50유로짜리 지폐의 일련번호가 X67925117396이라고 가정해 보자. 당연히 관객만 이 번호를 알고 있다. 당신은 관객에게 청한다. 알파벳은 버리고 숫자 11개만 계산하되, 다음과 같이 숫자 두 개씩 줄줄이 더해서 알려주고 끝으로 맨 앞에 있는 숫자와 맨 뒤에 있는 숫자의 합을 알려달라고.

첫 번째 숫자+두 번째 숫자, 두 번째 숫자+세 번째 숫자, 세 번째 숫자+네 번째 숫자, …아홉 번째 숫자+열 번째 숫자, 열 번째 숫자+열한 번째 숫자, 첫 번째 숫자+열한 번째 숫자

관객이 불러주는 대로 당신은 받아 적는다. 예로 든 지폐의 67925117396으로 계산하면 다음과 같은 수를 기록하게 된다.

13 16 11 7 6 2 8 10 12 15 12

이 11개의 수를 가지고 덧셈 뺄셈을 교대로 계산한다.

13-16+11-7+6-2+8-10+12-15+12

다음과 같이 쓸 수도 있다.

$$(13+11+6+8+12+12)-(16+7+2+10+15)=62-50=12$$

12를 2로 나눈 6이 일련번호의 첫 번째 숫자와 일치한다. 이제 당신이 받아 적은 첫 번째 수 13에서 6을 빼면 두 번째 숫자를 알 수 있다. 13-6=7. 그다음 숫자도 이런 방식으로 알 수 있고 결국 열한 개 숫자 모두를 알아맞힐 수 있다. 관객은 당신의 트릭을 쉽게 알아차리지 못할 것이다.

이 트릭의 원리를 이해하기 위해 숫자 11개를 a_1에서 a_{11}까지의 변수로 바꾸면 다음과 같이 계산하게 된다.

$$a_1+a_2+a_3+a_4+a_5+a_6+a_7+a_8+a_9+a_{10}+$$
$$a_1+a_{11}-(a_2+a_3+a_4+a_5+a_6+a_7+a_8+a_9+a_{10}+a_{11})=2a_1$$

최종 결과 $2a_1$은 일련번호 첫 번째 숫자(a_1)의 두 배이다. a_1을 알면, 이미 알고 있는 a_1+a_2에서 즉시 a_2도 알아낼 수 있고, 그다음 숫자도 같은 방법으로 알아낼 수 있다.

●동전의 비밀

지폐뿐 아니라 동전도 수학 마술에 이용된다. 지금부터 소개할 마술에는 스무 개에서 서른 개의 동전이 필요하다. 이 동전을 9자가 되도록 탁자 위에 배열한다. 9의 동그라미 부분(9의 윗부분)이든 살짝 굽은 아랫부분이든 동전 사이의 간격이 모두 같아야 한다.

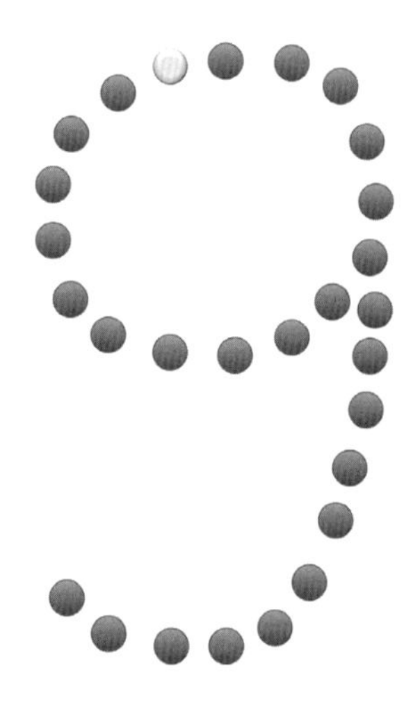

밝은색 동전 밑에 종이가 있다.

관객에게 숫자 하나를 생각하게 한다. 단, 9의 아랫부분에 놓인 동전 개수보다 큰 수여야 한다. 그림에서 보듯이 우리의 경우는 9의 아랫부분에 동전이 총 11개가 놓였다. 관객에게 동전 세는 방법을 간략히 설명하고 당신은 등을 돌리고 선다. 관객은 9자의 맨 아래 왼쪽에서 시작하여 오른쪽 위로 세어나간다. 9의 동그라미 부분에 도달하면 계속해서 시계 반대방향으로 생각한 수가 될 때까지 센다.

그러나 여기서 끝이 아니다. 관객은 도달한 자리에서 다시 한 번 같은 수만큼 동전을 세야 하는데, 이번에는 시계방향으로 세고 9의 동그라미 부분에서만 센다. 최종적으로 도달한 동전 밑에 작은 종이쪽지를 놓는다.

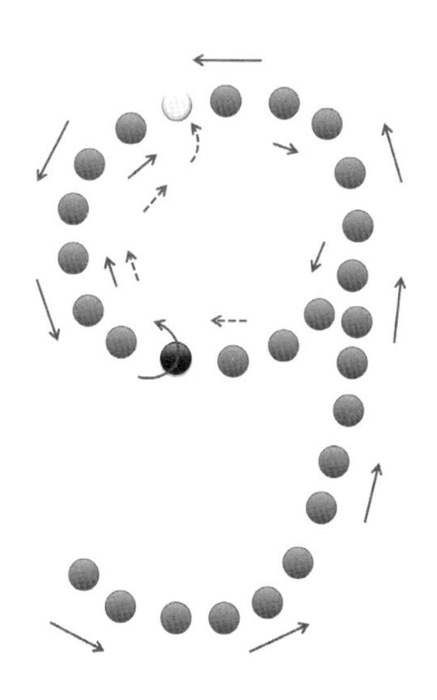

예 : 관객이 25를 생각했고 화살표를 따라 시계 반대방향으로 검은색 동전까지 센다. 그곳에서 다시 시작하여 작은 화살표를 따라 시계방향으로 한 번 더 25를 세면 밝은색 동전에 도달한다.

관객이 세기를 끝냈을 때 당신이 돌아서서 위 그림의 밝은색 동전을 들어 올리면 거기에 종이쪽지가 놓여 있다. 관객이 어떤 수를 생각했든 상관없이 그는 언제나 이 동전에 도착하게 되어 있다. 이유는 아주 단순하다. 그가 방향을 바꾸어 시계방향으로 동그라미 부분을 세어 9의 아랫부분으로 갈리는 부분에 도착하면 거기서부터는 9의 아랫부분 끝에 도달하는 수만큼을 더 가게 된다.

9의 아랫부분에 놓인 동전 개수를 이미 알고 있으므로(앞의 그림에서처럼 11개) 관객이 원을 따라 계속 세어 어디에 도착하게 될지 알 수 있다. 9의 아랫부분이 갈리는 부분에서부터 열한 번째에 있는 동전에 도착하게 된다. 그림에서 밝은색으로 표시된 동전이다.

이와 같은 방식으로 동전 대신 카드를 써도 된다. 카드를 뒷면이 위로 오게 해서 탁자 위에 9가 되도록 나열하고, 이때 동그라미와 아랫부분이 갈리는 곳에서부터 열한 번째에 있는 카드가 무엇인지 몰래 봐둔다. 관객이 당신에게 숫자 하나를 말하고 당신은 그 숫자를 동전에서 했던 방식으로 센다. 마지막에 도착한 카드를 뒤집기 전에 당신은 그 카드가 무엇인지 말한다. 카드를 세기 전에 어떤 카드에 도착하게 될지 미리 예언한다면 더 큰 감탄을 자아낼 것이다.

●스물한 장에서 한 장 찾아내기

카드를 이용한 신기한 수학 마술이 이 외에도 아주 많다. 이번 마술은 거의 고전에 가까워 대부분의 아이가 이미 알고 있을 것이다. 하지만 그 원리까지 이해하진 못했을 것이다. 이 마술을 위해서는 카드를 노련하게 분류할 줄 알아야 한다. 카드 21장을 7장씩 세 묶음으로 나눈다. 그런 다음 탁자 위에 7장씩 세 줄로 나란히 펼쳐놓는다. 한 줄이 한 묶음이다.

관객이 속으로 카드 한 장을 고르고 어느 줄에 있는지만 말한다. 이제 당신은 선택된 묶음이 가운데로 가도록 세 묶음을 하나로 모은다. 그런 다음, 이 카드를 다시 탁자에 펼쳐놓는다. 왼쪽에서 오른쪽으로 한 장씩 세 줄을 놓고 그다음 다시 왼쪽에서 오른쪽으로 한 장씩 추가하는 방식으로 놓는다. 그러니까 왼쪽 맨

21에서 1 카드 마술

위에 첫 번째 카드, 가운데 맨 위에 두 번째 카드, 오른쪽 맨 위에 세 번째 카드, 그런 다음 맨 왼쪽 줄에서 다시 시작하여 가운데, 오른쪽 순서로 이어진다.

관객은 아까 봐둔 카드가 어느 줄에 있는지 다시 말한다. 당신은 같은 방식으로 카드가 속해 있는 묶음이 가운데로 가도록 세 묶음을 하나로 쌓는다. 그리고 같은 방식으로 다시 카드를 왼쪽에서 오른쪽으로 세 줄씩 놓는다. 관객이 다시 카드가 어느 줄에 있는지 말하면 당신은 그 카드가 어떤 것인지 맞힐 수 있다. 관객이 알려준 줄에서 네 번째 카드, 그러니까 정확히 그 줄의 가운데 있는 카드다.

정답을 맞히는 과정을 다르게 연출할 수도 있다. 관객이 알려준 묶음이 가운데로 가도록 세 묶음을 다시 합친 후 한 장씩 그림이 보이지 않게 탁자에 놓는다. 이때 속으로 11을 센다. 그리고 열한 번째 카드만 그림이 보이게 뒤집는다. 그것이 관객이 골랐던 카드다.

이 마술의 원리는 그렇게 복잡하지 않다. 처음 세 묶음을 합칠 때 관객이 고른 카드는 여덟 번째에서 열네 번째 사이에 있다. 위에 설명한 방식대로 카드들을 탁자에 놓는다. 이해를 돕기 위해 각 카드가 어느 줄의 몇 번째에 있는지 그 위치를 숫자 두 개로 표시하면, 1-1(맨 왼쪽 줄의 맨 위)에서 3-7(맨 오른쪽 줄의 맨 아래)까지 있다. 세 줄로 놓인 21장의 카드 중 관객이 고른 카드는 다음의 일곱 위치 중 한곳에 있다.

2-3

3-3

1-4

2-4

3-4

1-5

2-5

이제 관객이 다시 카드가 어느 줄에 있는지 알려준다. 만약 첫 번째 줄에 있다고 하면 1-4와 1-5 중 하나이다. 카드를 다시 하나로 합치면 1-4와 1-5는 가운데 묶음으로 들어가 열한 번째와 열두 번째가 되고 다시 세 줄로 놓으면 두 카드는 2-4와 3-4에 오게 된다. 관객이 다시 카드가 어느 줄에 있는지 말하면 그 줄의 가운데에 정답 카드가 있을 수밖에 없다.

이전 단계에서 카드가 첫 번째 줄이 아니라 두 번째 줄에 있었다면 2-3, 2-4, 2-5 중 하나이다. 다시 합쳐 세 줄로 놓으면 세 카드는 1-4, 2-4, 3-4에 놓이고 마찬가지로 각 줄의 가운데에 있게 된다.

세 번째 줄에 있었다면 3-3이나 3-4에 있는데, 합쳤다 놓으면 1-4 혹은 2-4로 위치가 바뀌어 역시 가운데에 있게 된다. 합쳤다 새로 놓을 때마다 정답 후보가 계속 준다. 처음에는 7장이었지만 그다음에는 2장이나 3장으로 줄고 마지막에는 한 장만 남는다. 아주 단순하지만 기발하다.

●뒤죽박죽 섞인 카드 한 번에 정리하기

마술이 취미인 친구에게서 배운 다음의 카드 마술은 앞에서 본 마술과 살짝 다르지만 기발하고 감탄스럽긴 마찬가지다. 뒷면이 위로 가게 쌓인 카드 묶음이 있다. 카드를 무작위로 마구 섞는 것처럼 보이게, 카드 묶음의 일부는 뒷면이 보이게 일부는 앞면이 보이게 뒤집어 놓는다. 그리고 마지막에 딱 한 곳만 뒤집는다. 그리고 수리수리마수리. 짜잔~ 모든 카드가 다시 뒷면이 위로 가도록 정리된다.

마술 과정을 차근차근 살펴보자. 모든 카드를 뒷면이 위로 가게 쌓은 뒤 약 4분의 1을 앞면이 위로 가게 뒤집어 놓는다. 카드 섞기는 계속된다. 이번에는 절반 정도를 앞면이 위로 가게 뒤집는다. 마지막으로 약 4분의 3을 아까처럼 앞면이 위로 가게 뒤집어 놓는다.

마술사처럼 관객에게 설명한다.

"카드들이 제대로 뒤죽박죽 섞였네요. 일단 한 곳이라도 정리해야겠군요."

그리고 카드 묶음에서 두 카드가 서로 뒷면을 마주 대고 있는 자리(대략 가운데쯤이다.)에서 갈라 위쪽 묶음을 뒤집어 놓는다.

이제 가장 중요한 '수리수리마수리 주문'만 외우면 된다. 늘 해보고 싶었던 대로 카드 묶음을 손가락으로 톡톡 치고 입김을 불어넣는다. 그런 다음 카드 묶음을 탁자 위에 넓게 펼친다. 짜잔! 모든 카드의 뒷면이 위를 향하고 있다. 카드를 세 번이나 마구 섞었는데도 불구하고.

다음의 그림을 보면 카드 뭉치를 떼어서 뒤집을 때 무슨 일이 벌어졌는지 쉽게 이해할 수 있다.

맨 왼쪽 그림이 처음 카드를 떼어 뒤집어 놓은 직후의 모습이다. 카드의 맨 위 4분의 1이 앞면이 위로 오게 놓였다. 두 번째로 카드를 뗄 때 무슨 일이 벌어지는지 잘 보라. 떼어 낸 카드 묶음 중 아랫부분은 뒷면이 위로 향한 카드들이고, 윗부분은 앞면이 위로 향한 카드들이다. 이 묶음을 뒤집으면, 처음 뒤집었던 카드들도 같이 뒤집혀 다시 뒷면이 위로 가게 된다.

결과적으로 가운데 있는 묶음과 맨 왼쪽에 있는 묶음이 똑같아졌다. 다음 단계에서 카드의 4분의 3을 뒤집어 놓으면 전체 묶음

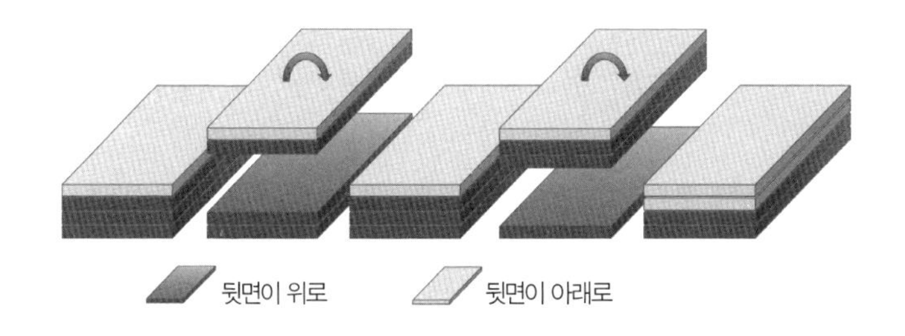

뒤죽박죽 섞은 것처럼 보이는 카드

의 위쪽 절반은 앞면이 위로 향하고, 그 밑에 있는 카드들은 뒷면이 위를 향한다.

이제 카드 뒷면이 서로 맞닿은 부분에서 나누어 윗부분을 뒤집으면 모든 카드가 다시 같은 방향으로 정리된다. 카드를 떼어 뒤집기를 세 번이나 했기 때문에 언뜻 보면 뒤죽박죽 섞은 것 같지만, 사실은 전혀 뒤죽박죽이 아니다. 그래서 마지막에 한 번에 모든 카드를 다시 말끔히 정리할 수 있다. 정말 기발하지 않은가?

●9의 배수 카드 마술

다음 카드 마술은 9로 나누었을 때 나머지가 무엇인지 재빨리 검사할 수 있는 각 자릿수의 합을 이용한다. 문제가 나오기도 전에 정답을 미리 맞히는 놀라운 마술이다.

2부터 10까지 모든 숫자에 에이스, 잭, 퀸, 킹이 들어 있는 52장으로 구성된 카드 한 묶음이 필요하다. 관객은 52장 카드를 맘대로 세 묶음으로 나눈다. 당신은 그중 한 묶음을 받아 몇 장인지 센다. 카드 개수의 각 자릿수의 합을 16에서(만약 각 자릿수의 합이 7보다 크거나 같으면) 혹은 7에서(만약 각 자릿수의 합이 7보다 작으면) 뺀다.

예를 들어 당신이 받은 카드가 19장이라면, 각 자릿수의 합은 10이다. 이것을 16에서 빼면 6이 나온다.

다음 단계는 대부분 문제없이 진행되지만, 아주 가끔은 곤란해질 수도 있는데, 카드 묶음에서 계산 결과와 일치하는 카드, 그러니까 6을 찾아내야 한다. (15장 또는 20장 중에서 한 장을 찾는 일이기 때문에 대부분은 찾게 된다.) 찾은 카드를 꺼내 뒷면이 위로 가도록 탁자에 놓는다.

이제 관객과 함께 나머지 두 묶음의 카드도 세어 각 자릿수의 합을 구한다. 두 수를 합하여 다시 각 자릿수의 합을 구한다. 모든 것이 잘 진행되었으면, 그 수는 옆에 꺼내 놓은 카드와 일치한다. 당신이 카드를 뒤집는 순간 모두가 감탄한다.

각 자릿수의 합을 잘 아는 사람은 이 마술의 원리를 이미 이해했을 것이다. 9로 나누었을 때의 나머지와 관련이 있다. 우리는 나머지 세 개를 가진다. 첫 번째 묶음의 나머지 그리고 나머지 두 묶음의 나머지. 나머지의 합은 52를 9로 나누었을 때의 나머지와 일치할 수밖에 없다. 그리고 그것은 바로 7(=5+2)이다.

우리는 첫 번째 묶음을 헤아려 각 자릿수의 합을 7이나 16에서 뺐다. 이것은 나머지 두 묶음의 카드 개수를 9로 나눈 나머지를 계산한 것과 같다. 카드를 몇 묶음으로 분리해서 세든, 각 자릿수의 합을 계산한 결과에는 아무런 영향을 미치지 않는다.

● 진짜 마술사 되기

9장의 마지막이자 이 책의 마지막 트릭에는 수학과 마술사의 손기술이 필요하다. 그럼에도 내가 이 트릭을 선택한 까닭은, 둘의 조합이 단순한 트릭을 진짜 마술처럼 보이게 하고 또한 눈치채기도 몹시 어렵기 때문이다.

조커를 제외한 52장으로 구성된(2, 3, … 10, 잭, 퀸, 킹, 에이스까지 모든 카드가 다 들어 있는) 카드 한 묶음이 필요하다. 마술을 시작하기 전에 숫자가 없는 카드들이 각각 어떤 숫자를 대표하는지 관객에게 설명한다. 에이스는 1, 잭은 11, 퀸은 12, 킹은 13을 대표한다.

관객 한 명이 카드 한 장을 뽑아 확인한 뒤 다시 묶음 안에 집어넣는다. 이때 당신의 손기술이 필요하다. 당신은 묶음의 약 절반을 들어 올려 관객에게 카드를 넣게 한다. 그리고 들어 올렸던 묶음을 다시 그 위에 놓는다. 관객이 보기에 카드 묶음의 절반이 떼어졌다 다시 제자리로 온 것처럼 보인다.

그러나 당신은 이때 떼어진 묶음 사이에 손끝을 넣고 있었다. 관객이 한눈을 파는 사이 아까 들었던 묶음을 다시 들어 남아 있는 묶음 밑에 넣는다. 이제 관객이 골랐던 카드가 맨 위로 왔다.

마술이 더욱 신기해 보이도록 관객이 보는 앞에서 카드를 한 번 더 섞는다. 섞은 다음에도 선택된 카드가 여전히 맨 위에 있도록 해야 한다. 이렇게 할 수 있는 기발한 섞는 기술이 있으니 아무 문제 없다. 게다가 관객은 자신이 고른 카드가 가운데에 있다고 믿기 때문에 전혀 의심하지 않는다.

이제부터는 수학이다. 먼저 카드를 세 묶음으로 나눈다. 단, 첫 번째 묶음은 12장이어야 하고 이 묶음의 맨 위에 관객이 뽑았던 카드가 있다. 나머지 두 묶음은 아무래도 상관없다. 관객은 각 묶음에서 다시 카드 한 장씩을 뽑는다. 이때 당신은 관객이 첫 번째 묶음의 맨 위의 카드를 뽑지 않도록 주의해야 한다. 관객이 뽑은 세 카드를 앞면이 보이게 나란히 놓는다. 그리고 말한다.

"이 세 카드의 도움으로 아까 뽑았던 카드를 찾아볼까요?"

네 단계만 거치면 마법의 순간을 맞는다.

1. 11장이 들어 있는 첫 번째 묶음이 맨 밑으로 가도록 세 묶음을 합친다.
2. 카드 묶음에서 한 장씩 꺼내, 앞면이 보이게 놓은 카드 밑에 한 장씩 내려놓되 카드에 적힌 숫자에서 시작하여 13이 될 때까지 내려놓는다. 예를 들어 위의 사진에서처럼 맨 왼쪽 카드가 3이면 13-3=10장의 카드를 더 내려놓아야 한다. 그 옆의 잭은 11이므로 두 장만 더 내려놓고 맨 오른쪽의 8에는 13-8=5장을 내려놓는다.

13의 마술 : 숫자 세기 마술의 고전

3. 앞면이 보이는 세 카드의 숫자를 머릿속으로 더한다. 3+11+8=22. 이 수를 기억한다.
4. 남은 묶음에서 이 수만큼의 카드를 센다. 당신이 도착한 그 카드를 뒤집는다. 그것이 바로 관객이 뽑았던 카드이다!

마지막 카드 마술은 내가 뽑은 최고의 트릭이다. 마법의 여운을 바로 깨지 않기 위해, 나는 이 마술의 원리를 지금 설명하지 않을 것이다. 과제 45가 이 원리를 설명하는 문제이므로 직접 한번 알아내 보아라. 책의 맨 뒤 해답을 확인할 수 있다.

당신도 나처럼 이런 흥미진진하고 신기한 놀이에 감탄했기를 바란다. 혹시 더 많은 수학 트릭을 배우고 싶다면, 우표를 수집하듯 수학 트릭과 수수께끼를 수집한 마틴 가드너의 책들을 읽어보라. 늘 잊지 말고 명심하라. 수학은 때때로 알 수 없는 신기한 마술 같다. 하지만 약간만 머리를 쓰면 그 마술의 비밀을 밝혀낼 수 있다!

과제 41

관객 한 명을 골라 네 자릿수 숫자 중 하나를 종이에 적으라고 한다. 그는 3485를 적었다. 관객이 적은 쪽지를 잠깐 본 다음, 다른 종이에 23483이라고 적은 후 아무에게도 보여주지 않고 그대로 접어 탁자 위에 놓는다. 관객에게 이렇게 말한다.

"이제 당신이 고른 숫자들을 가지고 산수 계산을 해볼까요? 하지만 최종 결과를 저는 벌써 알고 있어요."

관객에게 네 자릿수 숫자 두 개를 더 고르게 하고 거기에 당신도 네 자릿수 숫자 두 개를 골라 더한다. 끝으로 총 다섯 개의 수를 더한다. 그리고 그 결과는 정확히 23483이다.

예를 들어:

관객의 첫 번째 수 : 3485
관객의 두 번째 수 : 7852
당신의 첫 번째 수 : 2147
관객의 세 번째 수 : 4305
당신의 두 번째 수 : 5694
총합 : 23483

이 숫자 트릭의 비밀은 무엇일까?

과제 42

관객 한 명을 골라 주사위 두 개를 던지게 한다. 그 전에 당신은 주사위를 보지 못하게 뒤로 돌아서 있어야 한다. 이제 관객은 다음과 같은 간단한 계산을 해야 한다. 첫 번째 주사위 숫자의 두 배에 5를 더한다. 그 결과에 5를 곱하고 두 번째 주사위 숫자를 더한다. 결과를 들으면 당신은 즉시 두 주사위 숫자를 말할 수 있다. 어떻게?

과제 43

1에서 100까지 모든 수의 각 자릿수의 합을 구하라.

과제 44

유로 지폐에 있는 열한 자릿수 일련번호를 이용한 숫자 마술을 설명했다. 그러나 달러 지폐의 일련번호는 여덟 자리다. 달러 지폐로도 사용할 수 있게 하려면 유로 지폐에 쓴 트릭을 어떻게 수정해야 할까?

과제 45

마지막에 설명한 카드 마술의 원리는 무엇인가?

오각형 증명

정오각형과 그 안에 작도한 도형(꼭짓점이 다섯 개인 별)의 내각을 살펴보자. 정오각형의 한 내각은 108도다. 오각형의 꼭짓점을 중심점과 연결하면 쉽게 계산할 수 있다. 다섯 꼭짓점을 중심점 M과 연결하면 M에 각이 다섯 개 생기는데, 이때 한 각의 크기가 72도다. 360÷5=72. 그러므로 M을 꼭짓점으로 하는 이등변삼각형의 두 밑각은 각각 (180−72)÷2=54도이다. 정오각형의 한 내각은 이런 두 각이 합쳐진 것이므로 54×2=108도이다.

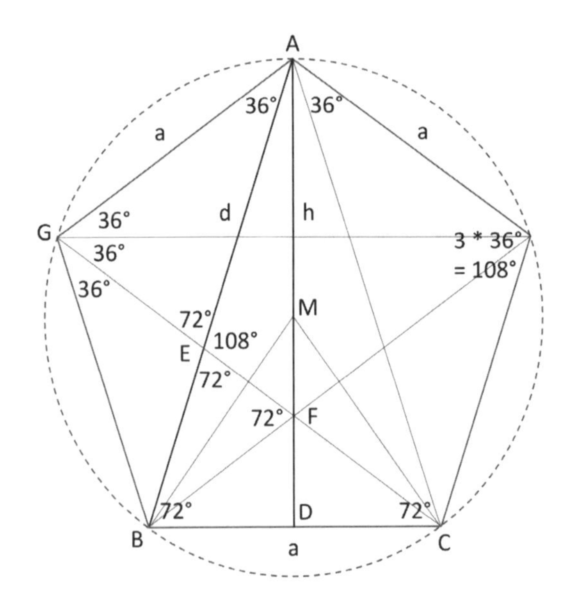

정오각형과 그 안에 작도한 별의 내각

정오각형에 대각선 다섯 개를 모두 그려 넣으면 꼭짓점이 다섯 개인 별이 생긴다. 선 AB와 AC 같은 대각선의 길이를 d라고 하자. 삼각형 AGB의 B각에서 확인할 수 있듯이, 한 점에서 뻗은 두 대각선이 내각 108도를 각각 36도로 삼등분한다. 삼각형 AGB는 이등변삼각형이고 G가 108도이다. 그러므로 A와 B는 (180−108)÷2=36도이다. 알다시피 a는 오각형의 변(=선분 BC)이다. 이제 삼각형 ABC와 AGE를 살펴보자. 여기서 E는 대각선 AB와 GC의 교점이다. 두 삼각형은 내각의 크기가 같다(꼭지각이 36도이고 두 밑각은 각각 72도이다.). 밑각의 크기가 같으므로 두 삼각형은 이등변삼각형이다. 그러므로 다음이 성립한다.

AG=AE=a

AB=d=AE+BE=a+BE

BE=d−a

BE는 GE와 길이가 같다.

GE=d−a

두 삼각형이 닮은꼴이므로 다음의 비례식이 성립한다.

$$\frac{BC}{AB}=\frac{GE}{AG}$$

이것을 a와 b로 바꾸면,

$$\frac{a}{d}=\frac{d-a}{a}$$

이 비례식을 계산하면 다음과 같은 식이 나온다.

$$d^2 - a \times d - a^2 = 0$$

이차방정식을 풀어 양수만 취하면,

$$d = \frac{a}{2} \times (\sqrt{5} + 1)$$

선분 AD와 일치하는 오각형의 높이 h로 증명은 계속된다. 피타고라스의 정리에 따르면,

$$d^2 = h^2 + \frac{a^2}{4}$$

$$h^2 = d^2 - \frac{a^2}{4}$$

$$= \frac{a^2}{4}((\sqrt{5}+1)^2 - 1)$$

$$= \frac{a^2}{4}(5 + 2 \times \sqrt{5} + 1 - 1)$$

$$h = \frac{a}{2} \times \sqrt{5 + 2 \times \sqrt{5}}$$

증명이 거의 막바지에 왔다. 우리는 d와 h의 길이가 a에 따라 어떻게 달라지는지 이미 계산했다. 이제 정오각형을 둘러싼 원의 반지름 r에 대한 공식만 남았다.

피타고라스의 정리를 따르면 삼각형 BDM에 다음이 성립한다.

$$r^2 = \frac{a^2}{4} + (h-r)^2$$

이 식을 r로 치환하면,

$$2 \times r \times h = \frac{a^2}{4} + h^2$$

$$r = \frac{1}{2h} \times \left(\frac{a^2}{4} + h^2\right) = \frac{a^2}{8h} + \frac{h}{2}$$

이제 $h = \frac{a}{2} \times \sqrt{5+2\times\sqrt{5}}$ 를 이 방정식에 대입하면 다음과 같은 다소 복잡한 식을 얻게 된다.

$$r = \frac{a}{4\sqrt{5+2\times\sqrt{5}}} + \frac{a\times\sqrt{5+2\times\sqrt{5}}}{4}$$

$$= \frac{a}{4} \times \frac{1+5+2\times\sqrt{5}}{\sqrt{5+2\times\sqrt{5}}}$$

$$r = \frac{a}{2} \times \frac{3+\sqrt{5}}{\sqrt{5+2\times\sqrt{5}}}$$

이제 r과 a의 관계가 51쪽에서 오각형을 작도할 때 계산했던 것과 일치한다는 것을 증명할 차례다. 그것은 다음과 같았다.

$$a^2 = r^2 \times \frac{5-\sqrt{5}}{2}$$

위의 방정식을 a로 치환하여 제곱한다.

$$a^2 = \left(2r \times \sqrt{\frac{5+2\times\sqrt{5}}{3+\sqrt{5}}}\right)^2$$

$$= r^2 \times \frac{4(5+2\times\sqrt{5})}{(3+\sqrt{5})^2}$$

마지막으로 아래 등식이 성립하는 것을 증명해야 한다.

$$\frac{4(5+2\times\sqrt{5})}{(3+\sqrt{5})^2} = \frac{5-\sqrt{5}}{2}$$

이것은 양 분모를 곱하는 간단한 계산으로 증명된다.

$$\begin{aligned} 2\times4(5+2\times\sqrt{5}) &= 8(5+2\times\sqrt{5}) = 40+16\times\sqrt{5} \\ &= 70-14\times\sqrt{5}+30\times\sqrt{5}-30 \\ &= (14+6\times\sqrt{5})(5-\sqrt{5}) \\ &= (9+6\times\sqrt{5}+5)(5-\sqrt{5}) \\ &= (3+\sqrt{5})^2(5-\sqrt{5}) \end{aligned}$$

이것으로 우리가 작도한 a와 r의 관계가 실제로 정오각형과 일치함이 증명되었다. 그러므로 이 작도법으로 정오각형을 그릴 수 있다.

과제 1

어떤 자연수 네 개의 합이 홀수일 때, 이 네 자연수의 곱이 짝수임을 증명하라.

자연수 네 개 모두가 홀수일 수는 없다. 그랬다면 네 자연수의 합은 짝수여야 한다. 그러므로 넷 중 적어도 하나는 짝수이고 네 수의 곱 역시 짝수가 된다.

과제 2

카린은 초콜릿을 일곱 개 가지고 있다. 화이트 초콜릿 네 개, 다크 초콜릿 두 개 그리고 크런치 초콜릿 한 개. 카린은 세 개를 친구에게 주고 네 개를 자기가 갖고 싶다. 경우의 수를 구하라.

카린은 일곱 개 중에서 세 개를 골라 친구에게 주어야 한다. 경우의 수는 총 여섯 가지다.

1. 크런치 1+다크 2
2. 크런치 1+화이트 2
3. 크런치 1+화이트 1+다크 1
4. 다크 2+ 화이트 1
5. 다크 1+화이트 2
6. 화이트 3

과제 3

두 자릿수의 곱셈에서, 10의 자릿수가 같고 1의 자릿수가 더해서 10이 될 때, 우리는 10의 자릿수×(10의 자릿수+1)을 구한 뒤 그 값의 뒤에 1의 자릿수를 곱한 값을 붙인다. 이 계산 트릭이 어떻게 가능한지 증명하라.

a와 b는 한 자릿수의 자연수($a>0$)이고 주어진 두 자릿수는 $10a+b$와 $10a+10-b$이다. 두 수를 곱하면,

$$(10a+b)\times(10a+10-b)=100a^2+100a-10ab+10ab+10b-b^2$$
$$=100a(a+1)+b(10-b)$$

이 결과는 정확히 계산과정과 일치한다. b와 $10-b$는 우리가 서로 곱하는 1의 자릿수이다.

과제 4

두 자릿수의 곱셈에서, 10의 자릿수가 더해서 10이 되고 1의 자릿수가 같을 때, 우리는 10의 자릿수를 곱한 값에 1의 자릿수를 더하고, 그 결과 뒤에 1의 자릿수의 제곱수를 두 자릿수로 만들어 추가한다. 이 계산 트릭이 어떻게 가능한지 증명하라.

a와 b는 한 자릿수의 자연수($a>0$)이고 주어진 두 자릿수는 $10a+b$와 $10(10-a)+b$이다. 두 수를 곱하면,

$$(10a+b)\times(10(10-a)+b)=(10a+b)\times(100-10a+b)$$
$$=1000a-100a^2+10ab+100b-10ab+b^2$$
$$=100(10a-a^2+b)+b^2$$
$$=100(a(10-a)+b)+b^2$$

이 결과는 계산과정과 일치한다. a와 $10-a$는 두 수의 10의 자릿수다.

과제 5

쌍둥이 수에 9를 곱할 때 쓰는 다음의 트릭이 어떻게 가능한지 증명하라.

$8888 \times 9 = 7 \mid 999 \mid 2$

$= 79992$

쌍둥이 수의 반복되는 숫자를 a라고 하면, 곱셈식은 다음과 같다.

곱셈결과$=(a \times 10^{n} + a \times 10^{n-1} + a \times 10^{n-2} + \cdots + a \times 10 + a) \times 9$

$= 9a \times 10^{n} + 9a \times 10^{n-1} + 9a \times 10^{n-2} + \cdots + 9a \times 10 + 9a$

1〈a〈10 이므로 9a의 값은 두 자릿수이고, 이때 10의 자릿수는 a–1이고 1의 자릿수는 10–a이다. 만약 a=1이면 10의 자릿수가 a–1=0이므로 이 수는 한 자릿수가 된다.

9a=10(a–1)+10–a를 방정식에 대입하고 맨 오른쪽에서 시작하여 10의 거듭제곱을 새로 정리한다. 1의 자릿수로 10–a가 그 자리에 머물고, (a–1)×10은 왼쪽의 10의 자릿수로 밀려 a–1이 된다. 이제 10의 자리에는 10(a–1)+10–a가 있고, 이때 10(a–1)이 100의 자리로 밀려 a–1이 된다. 10 앞에 10–a와 1의 자리에서 밀려온 a–1의 합이 있다. 두 수의 합은 9이다!

나머지 왼쪽에 있는 모든 10의 거듭제곱들도 같은 방식으로 계산되어 모두 10–a와 a–1의 합인 9가 된다. 맨 왼쪽에 있는 $9a \times 10^{n}$도 마찬가지로 9가 되지만, 새로운 10의 거듭제곱 $(a-1) \times 10^{n+1}$이 생긴다.

요약하면, 곱셈결과는 n+2자릿수이다. 맨 왼쪽의 첫 번째 숫자가 a–1이고 그다음 n개의 9가 뒤따르고 마지막 맨 오른쪽 숫자는 10–a이다.

a–1과 10–a가 정확히 9a의 10의 자릿수와 1의 자릿수이므로, 이것으로 우리는 이 계산 트릭을 증명했다.

과제 6

사각형의 한 변의 길이를 50% 늘렸다. 사각형의 넓이를 그대로 유지하려면 다른 변의 길이를 몇 퍼센트 줄여야 할까?

사각형의 넓이 구하는 공식은 'A=a×b'이다. a를 50% 늘리면 1.5×a가 된다. 넓이를 그대로 유지하려면 b를 b÷1.5가 되도록 줄여야 한다. 이것은 원래 길이의 약 66.7%에 해당하므로 약 33.3% 혹은 3분의 1을 줄여야 한다.

과제 7

정n각형의 내각의 크기는?

정n각형의 중심점과 각 꼭짓점을 연결하면, 이등변삼각형이 생긴다. 이등변삼각형의 꼭지각은 360÷n이다. 이등변삼각형의 두 밑각의 합이 바로 구하고자 하는 내각의 크기이다. 삼각형의 내각의 합이 180도이므로 정n각형의 내각의 크기는 180−360÷n이다.

과제 8

시곗바늘이 4시 20분을 가리킨다. 이때 긴 바늘과 짧은 바늘 사이의 각은 몇 도인가?

20분이면 긴 바늘은 360도의 3분의 1, 즉 120도를 간다. 짧은 바늘은 시간당 360도의 12분의 1, 즉 30도를 간다. 16시면 짧은 바늘은 12시부터 120도를 가고 16시 20분까지 짧은 바늘은 30도의 3분의 1, 즉 10도를 더 간다. 130−120=10. 이것이 두 바늘 사이의 각이다.

과제 9

변의 길이가 a인 정사각형이 있다. 이 정사각형의 네 변을 각각 밑변으로 하는 이등변삼각형 네 개가 정사각형 밖으로 펼쳐져 있다. 이 이등변삼각형의 넓이는 정사각형의 넓이와 같다. 표창모양의 별에서 마주하는 두 꼭짓점의 거리는 얼마인가?

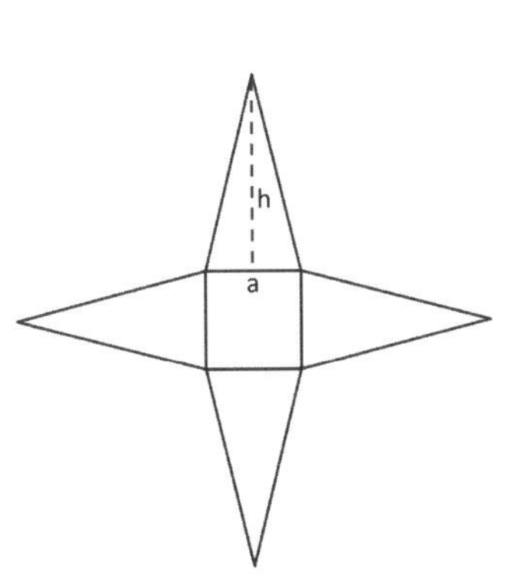

변의 길이가 a인 정사각형의 넓이는 a^2이다. 작도한 이등변삼각형의 높이를 h라고 할 때, 이등변삼각형의 넓이는 $ah \div 2$이다. 정사각형과 이등변삼각형의 넓이가 같다고 했으므로 $h=2a$이다. 그러므로 표창모양의 별에서 마주하는 두 꼭짓점의 거리는 5a이다.

과제 10

주어진 각의 크기는 63도다. 이 각을 컴퍼스와 자만 이용해서 삼등분하라. 종이를 접어서는 안 된다.

주어진 각의 꼭짓점을 한 점으로 갖고 기준선을 한 변으로 갖는 정삼각형을 그린다. 정삼각형의 내각은 60도이므로 삼각형의 한 변과 주어진 각을 만드는 변은 3도 간격이다. $63-60=3$. 주어진 각을 만드는 변에서 바깥으로 3도씩 두 번을 그리면 $63+2\times3=69$를 얻는다. $90-69=21$이고 이것은 우리가 찾는 63도의 3분의 1이다. 그러므로 이제 주어진 각의 꼭짓점을 지나고 삼각형의 밑변과 직각인 선을 그으면 21도를 얻을 수 있고 그것으로 63도를 삼등분할 수 있다.

과제 11

어떤 수가 16으로 나누어지는지 어떻게 알 수 있는가?

오른쪽 네 자리만 살피면 된다. 10000과 10000의 배수는 언제나 16으로 나누어지기 때문이다. (10000=16×625)

과제 12

55로 나누어지는 수를 찾아라.

3938

2512895

4541680

3938은 5로 끝나지 않으므로 55(=5×11)로 나누어질 수 없다.

2512895는 5로 나누어지고, 각 자릿수의 덧셈 뺄셈 교대계산(2−5+1−2+8−9+5)의 결과가 0이므로 11로도 나누어진다. 그러므로 이 수는 55로도 나누어진다.

4541680은 5로 나누어지고, 11로도 나누어진다(각 자릿수의 덧셈 뺄셈 교대계산=4−5+4−1+6−8+0=0). 그러므로 이 수는 55로도 나누어진다.

과제 13

7, 11, 혹은 13으로 나누어지는 수가 있는가?

15575

258262

24336

65912

22221111

'1001-방법'을 이용한다.

~~15~~575

−15

=560

560은 7로 나누어진다(7×80=560). 그러나 11과 13으로는 나누어지지 않는다.

~~258~~262

−258

=4

258262는 7, 11, 13으로 나누어지지 않는다.

~~24~~336

−24

=312

312는 7과 11로 나누어지지 않지만 13(13×24=312)으로는 나누어진다.

~~65~~912

−65

=847

7과 11로 나누어지지만 13으로는 아니다.

~~22~~221111

−22

=~~199~~111

−199

=−88

22221111은 11로 나누어지고, 7과 13으로는 나누어지지 않는다.

과제 14

m과 n은 자연수다. 100m+n이 7로 나누어진다면 m+4n 역시 7로 나누어진다는 것을 증명하라.

100m+n=7k(k=자연수)라고 했을 때, n=7k−100m이다.

이것을 m+4n에 대입하면,

m+4(7k−100m)=m+28k−400m=28k−399m

28(7×4)와 399(7×57) 모두 7의 배수이므로 m+4n 역시 7로 나누어진다.

과제 15

5, 7, 11로 나누었을 때 나머지가 모두 1인 가장 작은 소수를 찾아라.

5, 7, 11은 상호 공약수가 없으므로, 소수 $p=5\times7\times11\times n+1=385n+1$($n$=자연수)이다. 또한, 세 소수보다 큰 모든 소수는 $6m+1$ 혹은 $6m+5$로 쓸 수 있다(m=자연수). 먼저 우리가 찾는 소수가 $6m+5$라고 가정하면,

$$385n+1=6m+5$$
$$385n=6m+4$$

385는 홀수이고 $6m+4$는 짝수이므로, n은 반드시 짝수여야 한다.
이제 $6m+1$일 경우,

$$385n+1=6m+1$$
$$385n=6m$$

이 경우 역시 n은 짝수여야 한다. 그러므로 $n=2k$(k=자연수)를 대입하면 우리가 찾는 소수는 $385\times2k+1=770\times k+1$이다. k에 1, 2, 3, 4, 5를 대입하여 소수가 나오는지 확인해보자. 771, 1541, 2311, 3081, 3851 중에서 771과 1541은 소수가 아니다. 그러나 2311은 소수이다. 그러므로 5, 7, 11로 나누었을 때 나머지가 모두 1인 가장 작은 소수는 2311이다.

과제 16

어릿광대가 노란색, 주황색, 초록색, 파란색, 보라색 신발 끈과 넥타이를 갖고 있다. 그는 신발 한 켤레를 각각 다른 색 끈으로 묶고, 넥타이도 신발 끈과 다른 색으로 매고자 한다. 총 몇 가지의 색 조합이 가능하겠는가? 왼쪽 끈을 오른쪽 끈으로 혹은 오른쪽 끈을 왼쪽 끈으로 바꾸는 것도 새로운 조합으로 인정한다.

다섯 가지 색이 있다. 첫 번째 신발 끈에 쓸 수 있는 색이 다섯 가지이고 두 번째 신발 끈에 쓸 수 있는 색은 네 가지, 넥타이에는 세 가지가 있다. 그러므로 $5 \times 4 \times 3 = 60$개의 조합이 가능하다.

과제 17

a와 b는 유리수이고 두 수는 2보다 크다. ab〉a+b임을 증명하라.

$a=2+s(s>0)$, $b=2+t(t>0)$로 쓸 수 있다. 그러면 ab는 $(2+s)(2+t)=4+2s+2t+st$이고 a+b는 $4+s+t$이다. 이로써 ab〉a+b임을 알 수 있다.

과제 18

구멍이 여섯 쌍인 신발이 있다. 구멍 사이의 세로 간격은 1㎝이고 가로 간격은 2㎝이다. 고전적인 교차형으로 신발 끈을 매려 한다. 마지막 구멍을 꿰고 남은 신발 끈의 양 끝 길이가 각각 15㎝가 되게 하려면 신발 끈은 총 몇 ㎝여야 할까?

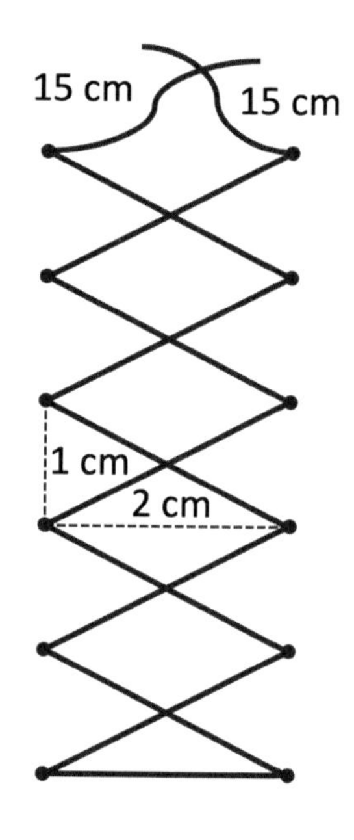

맨 아래 두 구멍의 간격이 2㎝이다. 총 여섯 쌍의 구멍이 있으므로 한 구멍에서 다음 구멍으로 연결되는 대각선이 총 열 개다. 이 대각선의 길이는 피타고라스의 정리에 따라 $\sqrt{2^2+1^2}=\sqrt{5}$ 이다. 구멍을 모두 통과한 후 마지막에 남은 두 끈의 길이는 30cm. 그러므로 신발 끈의 총 길이는 $32+10 \times \sqrt{5}=54.36$㎝이다.

과제 19

다음 그림은 총 42가지 신발 끈 매는 방법 중에서 구멍 쌍이 세 개일 때 가능한 16가지 방법이다. 이 16가지 방법을 반사하거나 늘려서 만들 수 있는 나머지 26가지 방법을 찾아라.

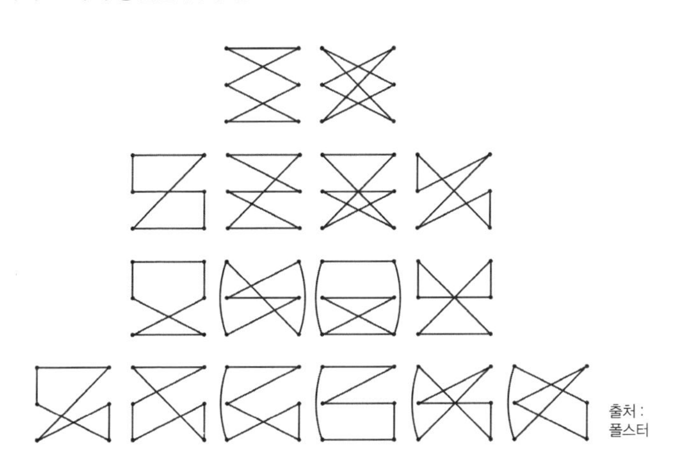

출처: 폴스터

둘째 줄과 셋째 줄에 있는 8가지 방법을 반사해서 8가지를 얻을 수 있다. 맨 아랫줄에 있는 6가지 방법을 각각 반사하거나 늘려서 3가지씩 얻을 수

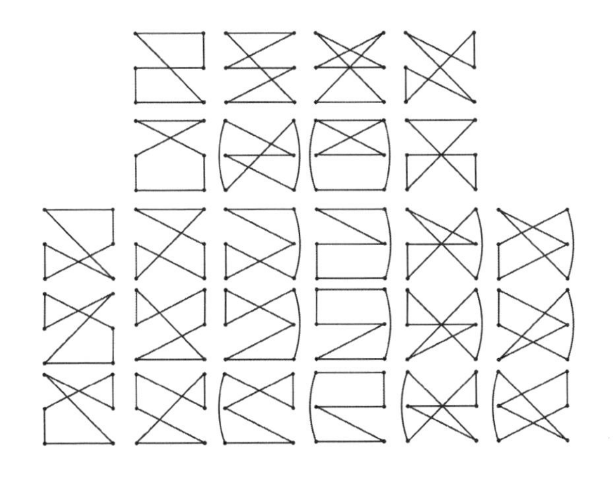

있으므로 총 18가지가 된다.

과제 20

대각선의 개수가 꼭짓점 개수의 3배인 다각형이 존재할까?

대각선은 한 꼭짓점에서 다른 꼭짓점을 연결한 선이다. 좌우로 이웃한 점을 연결한 선은 다각형의 변이지 대각선이 아니다. 그러므로 n각형의 모든 n개의 점에서 n–3개의 대각선이 생긴다(좌우의 이웃한 점과 대각선의 출발점을 n에서 빼야 한다.). n각형은 총 $n(n-3)\div2$개의 대각선을 가진다(2로 나누지 않으면 매 대각선을 두 번씩 세게 될 것이다.). 과제를 수식으로 나타내면 $n(n-3)\div2=3n$이다. 이 식을 풀면 $n^2=9n$이고 $n=\pm9$인데 양수만 가능하므로 $n=9$이다.

과제 21

소매치기가 지갑을 훔쳤다. 지갑에는 현금카드 한 장과 명함이 들어 있다. 명함에 'Der Vater siebt Dukaten(아버지가 금화를 고르고 있다.)'라고 적혀 있다. 소매치기는 비밀번호 네 자리를 알아내 현금카드에서 돈을 꺼냈다. 어떻게 알아냈을까?

Der Vater siebt Dukaten에서 각 단어의 첫 알파벳이 비밀번호 네 자리의 암호이다.

Der=3(독일어 3=Drei), Vater=4(독일어 4=Vier), Siebt=7(독일어 7=Sieben), Dukaten=3. 비밀번호는 3473이다.

과제 22

"전화번호가 뭐에요?"라고 묻자 기억력도사가 대답한다.

"Ein Bett steht lichterloh brennend auf dem Damm. Das Feuer ist geformt wie eine Rose(침대가 댐 위에서 활활 타고 있다. 불꽃이 장미 모양이다.)."

전화번호는 무엇인가?

91 13 84 40.

133쪽 메이저시스템에 따르면 Bett(침대)는 91, Damm(댐)은 13, Feuer(불꽃)는 84, Rose(장미)는 40이다.

과제 23

2a+3b=27을 만족하게 하는 a와 b의 모든 자연수 쌍을 찾아라.

3b를 이항하여 3으로 묶으면,

$a=27-3b$

$2a=3(9-b)$

a는 3의 배수여야 한다. 이제 a를 3n으로 치환하면,

$2n=9-b$

b는 반드시 홀수여야 하므로 1, 3, 5, 7, 9가 후보에 오른다.

그러므로 2a+3b=27을 만족하게 하는 a와 b의 쌍은 (12, 1) (9, 3) (6, 5) (3, 7) (0, 9)이다.

과제 24

7로 끝나는 제곱수가 없는 까닭은?

a가 0보다 큰 임의의 자연수이고 b가 한 자릿수 자연수이면, 모든 자연수는 10a+b로 표현할 수 있고 이때 1의 자릿수가 b이다. 이 수의 제곱수는 $(10a+b)^2=100a^2+20ab+b^2$다. 그러므로 제곱수의 1의 자릿수는 원래 수의 1의 자릿수 b를 제곱한 수와 일치한다. 한 자릿수의 제곱수는 0, 1, 4, 9, 6, 5로 끝나므로 어떤 제곱수도 7로 끝날 수 없다. 또한, 2, 3, 8로도 끝날 수 없다.
제곱수가 어떤 수로 끝나느냐는 오로지 원래 수의 끝자릿수에 달렸다.

과제 25

삼각형 둘레의 절반이 언제나 각 변의 길이보다 길다는 것을 증명하라.

삼각형에서 두 변의 합은 언제나 나머지 한 변보다 길다. c가 가장 긴 변이라고 가정하면 $a+b>c$이다. 이제 부등식의 양변에 c를 더한 후 2로 나누면 $(a+b+c)\div2>c$가 된다.
이것으로, 삼각형 둘레의 절반이 삼각형의 가장 긴 변의 길이보다 길다는 것이 증명되었다. 그러므로 삼각형 둘레의 절반은 언제나 각 변의 길이보다 길다.

과제 26

12를 곱하는 트라첸버그 규칙이 항상 옳음을 밝혀라.

고전적인 방법으로 12를 곱하면, 먼저 2를 곱하여 적고 그 아래에 1을 곱하여 적되 왼쪽으로 한 칸 밀어 적는다. 그런 다음 두 수를 더하게 되는데, 이 과정은 결국 각 자릿수에 2를 곱한 후 오른쪽에 이웃한 수를 더하는 것과 같으며, 이것이 바로 12를 곱하는 트라첸버그 규칙이다.

과제 27

두 자릿수 두 개를 곱할 때 교차 곱셈으로 올바른 답을 얻을 수 있음을 증명하라.

두 자릿수가 각각 ab와 cd라고 하면, a, b, c, d는 한 자릿수의 자연수이다. 그러면 두 수의 곱은,

$(10a+b)\times(10c+d)=100ac+10(ad+bc)+bd$이다.

이것은 교차 곱셈의 계산 규칙과 일치한다.

과제 28

6을 곱하는 트라첸버그 규칙(이웃의 절반을 숫자에 더한다. 홀수이면 5를 더한다.)이 항상 옳음을 밝혀라.

숫자 a, b, c, d로 구성된 네 자릿수를 이용하여 증명해보자.

증명을 위해 먼저 6을 5+1로 풀어쓰고 다시 5를 1/2×10으로 쓴다.

계산하면,

$$=(1000a+100b+10c+d)\times6$$

$$=(1000a+100b+10c+d)\times(1+\frac{10}{2})$$

$$=1000a+100b+10c+d+\frac{a}{2}\times10000+\frac{b}{2}\times1000+\frac{c}{2}\times100+\frac{d}{2}\times10$$

이제 같은 수끼리 묶으면,

$$=\frac{a}{2}\times10000+(a+\frac{b}{2})\times1000+(b+\frac{c}{2})\times100+(c+\frac{d}{2})\times10+d$$

이것은 규칙의 첫 번째 단계(이웃의 절반을 숫자에 더한다.)와 일치한다. 그렇다면 홀수일 때 더하는 5는 어디에서 왔을까? 아주 간단하다. 예를 들어 d가 홀수이면, c+2에서 자연수만 취하기 위해 $\frac{1}{2}$을 제외한다. 그러나 이 $\frac{1}{2}$도 c+2와 마찬가지로 10을 곱해야 하므로 5가 되어 오른쪽으로 한 칸, 즉 10의 자릿수에서 1의 자릿수로 이동한다.

과제 29

9를 곱하는 트라첸버그 규칙은 다음과 같다.

오른쪽 : 10에서 뺀다.

가운데 : 9에서 뺀다. 이웃을 더한다.

왼쪽 : 이웃에서 1을 뺀다.

이 규칙이 옳음을 증명하라.

9를 10−1로 쓰고 이것을 네 자릿수 abcd의 곱셈에 대입한다.

곱셈결과=(1000a+100b+10c+d)×(10−1)

=10000a+1000b+100c+10d

−1000a−100b−10c−d

작은 문제가 하나 있다. 곱셈결과에 음수가 나올 수는 없다. 예를 들어 1의 자릿수가 $-d$일 수는 없는 것이다. 만약 $a>b$이면 1000의 자릿수 역시 음수가 될 것이다. 왼쪽 이웃에서 1을 빌려옴으로써 이 문제를 해결할 수 있다. 맨 오른쪽부터 보면 $10d$는 $10(d-1)$이 되고 여기서 빌린 1은 10이 되어 $-d$(아랫줄 맨 오른쪽) 앞에 온다. 다시 말해 $10d-d$가 $10(d-1)+10-d$가 된다. 같은 방식으로 나머지 항도 바꾸면,

$$\text{곱셈결과}=10000(a-1)+1000(b-1)+100(c-1)+10(d-1)$$
$$+1000(10-a)+100(10-b)+10(10-c)+10-d$$

이제 거의 다 끝났다. 같은 수끼리 묶어 계산하면,

$$\text{곱셈결과}=10000(a-1)+1000(9-a+b)+100(9-b+c)$$
$$+10(9-c+d)+10-d$$

보다시피, 트라첸버그 규칙은 결국 수를 노련하게 쪼갰다가 다시 합치는 방식을 기반으로 한다.

과제 30

8을 곱하는 트라첸버그 규칙은 다음과 같다.

오른쪽 : 10에서 뺀다. 2를 곱한다.

가운데 : 9에서 뺀다. 2를 곱한다. 이웃을 더한다.

왼쪽 : 이웃에서 2를 뺀다.

이 규칙이 옳음을 증명하라.

8을 10−2로 쓰고 이것을 네 자릿수 abcd의 곱셈에 대입한다.

곱셈결과=$(1000a+100b+10c+d)\times(10-2)$

$=10000a+1000b+100c+10d$

$-1000\times2a-100\times2b-10\times2c-2d$

9를 곱하는 규칙(과제 29)과 같은 문제에 봉착했다. 음수가 나오면 안 된다. 예를 들어 1의 자릿수가 $-2d$일 수는 없는 것이다. 왼쪽 이웃에서 2를 빌려옴으로써 이 문제를 해결할 수 있다. 맨 오른쪽부터 보면 $10d$는 $10(d-2)$가 되고 여기서 빌린 2는 20이 되어 $-d$(아랫줄 맨 오른쪽) 앞에 온다. 같은 방식으로 나머지 항도 바꾸면,

곱셈결과=$10000(a-2)+1000(b-2)+100(c-2)+10(d-2)$

$+1000(20-2a)+100(20-2b)+10(20-2c)+20-2d$

같은 수끼리 묶어 계산하면 끝이다.

곱셈결과=$10000(a-2)+1000(2\times(9-a)+b)+100(2\times(9-b)+c)+10(2\times(9-c)+d)+2(10-d)$

과제 31

상대방에게 생일 날짜에 2를 곱하고 5를 더한 다음 50을 곱하고 여기에 월을 더하라고 한다. 그런 다음 계산 결과를 묻는다. 당신은 그 결과를 듣는 즉시 상대방의 생일을 알아맞힐 수 있다. 어떻게 그것이 가능할까?

a, b, c, d가 한 자릿수 자연수라면 태어난 날을 $10a+b$, 태어난 달을 $10c+d$라고 하여 계산하면,

$((10a+b)\times 2+5)\times 50+10c+d=1000a+100b+250+10c+d$

계산 결과에서 250을 빼면 네 자릿수를 얻게 되는데, 왼쪽의 두 자리는 태어난 날이고 오른쪽의 두 자리는 태어난 달이다.

과제 32

어떤 수에 37을 곱하고 17을 더한 다음 다시 27을 곱하고 7을 더한다. 그 결과를 999로 나누면 나머지는 항상 466이다. 왜 그럴까?

$\frac{(37a+17)\times 27+7}{999}=\frac{999a+466}{999}$ 이므로 나머지는 항상 466이다.

과제 33

서로 다른 숫자 셋을 생각한다. 숫자 세 개를 조합하여 만들 수 있는 두 자릿수는 총 여섯 개다. 이 여섯 수를 모두 더한다. 그 결과를 세 숫자의 합으로 나눈다. 최종 결과가 항상 22임을 밝혀라.

서로 다른 숫자 셋이 a, b, c라고 한다면 만들어질 수 있는 여섯 개 수는 ab, ac, ba, bc, ca, cb이다. 여섯 수를 더하면,

$10a+b+10a+c+10b+a+10b+c+10c+a+10c+b=20(a+b+c)+2(a+b+c)=22(a+b+c)$

이것을 a+b+c로 나누면 22가 된다.

과제 34

세 자릿수 두 개를 생각한다. 한 번은 첫 번째 수를 앞에 두고 또 한 번은 첫 번째 수를 뒤에 두어 여섯 자릿수 두 개를 만든다. 이 두 수의 차를 구한다. 처음 세 자릿수 두 개의 차도 구한다. 여섯 자릿수의 차를 세 자릿수의 차로 나누면 결과는 항상 999이다. 왜 그럴까?

세 자릿수 두 개를 a와 b라고 할 때, a>b이다. 그러면 여섯 자릿수 두 개는 1000a+b와 1000b+a이다. 두 수의 차는 999a–999b이다. 이것을 세 자릿수의 차인 a–b로 나누면 999가 된다.

과제 35

동갑내기 열두 명이 있다. 같은 해에 태어났지만, 생일은 모두 다르다. 아이들 각자의 생일 날짜와 월을 곱한다. 예를 들어 생일이 4월 8일이면 4×8=32가 된다. 아이들의 계산 결과는 다음과 같다.
니나 153, 헬레나 128, 니콜라스 135, 막스 81, 루비 42, 한나 14, 레오 300, 마를레네 187, 아드리안 130, 벨라 52, 파울 3, 릴리 49.
열두 아이의 생일을 맞혀라.

곱셈결과를 인수분해하여 가능한 생일을 모두 적는다. 한 날짜만 가능한 아이가 있으면, 나머지 아이의 생일 후보에서 이 아이와 같은 달을 모두 지운다. 그런 방식으로 아이 당 한 날짜만 남을 때까지 생일 후보들을 지워나간다.

이름	곱셈결과	인수분해	생일후보	생일
니나	153	3×3×17	9월 17일	9월 17일

헬레나	128	2×2×2×2× 2×2×2	8월 16일	8월 16일
니콜라스	135	3×3×3×5	5월 27일, 9월 15일	5월 27일
막스	81	3×3×3×3	3월 27일, 9월 9일	3월 27일
루비	42	2×3×7	2월 21일, 3월 14일, 6월 7일, 7월 6일	6월 7일
한나	14	2×7	1월 14일, 2월 7일, 7월 2일	2월 7일
레오	300	2×2×3×5×5	10월 30일, 12월 25일	12월 25일
마를레네	187	11×17	11월 17일	11월 17일
아드리안	130	2×5×13	5월 26일, 10월 13일	10월 13일
벨라	52	2×2×13	2월 26일, 4월 13일	4월 13일
파울	3	3	1월 3일, 3월 1일	1월 3일
릴리	49	7×7	7월 7일	7월 7일

과제 36

상자 여덟 개에 각각 똑같은 수량의 나사가 들어 있다. 각 상자에서 30개씩을 꺼냈다. 그러자 여덟 개 상자에 든 나사의 수량이 처음 두 개의 상자에 들었던 나사의 수량과 같아졌다. 상자 하나에 들었던 나사는 원래 몇 개였을까?

각각 30개씩을 꺼내자 나사의 수량이 4분의 1로 줄었다. 30×8=240개는 원래 있었던 나사 수량의 4분의 3에 해당한다. 그러므로 원래 있던 나사 수량은 320개이고 상자가 총 여덟 개였으므로 상자 하나당 40개씩 들어 있었다.

과제 37

303030303^2을 303030302로 나누면 나머지는?

나눔 수 303030302를 a로 치환하면, 3030303032는 $(a+1)^2=a^2+2a+1$이 된다. 이것을 a로 나누면 나머지는 1이다.

과제 38

평면에 점 A와 점 B가 있다. 컴퍼스만 이용하여 두 점과 나란한 곳에 점 C를 찍어라.

가상의 선분 AB를 직각으로 지나는 직선을 먼저 그려야 한다. 대략 점 A와 점 B의 간격만큼 컴퍼스를 벌려 점 A를 기점으로 위아래로 반원을 그리고, 컴퍼스의 간격을 그대로 유지하여 점 B에서도 같은 방식으로 반원을 그린다.

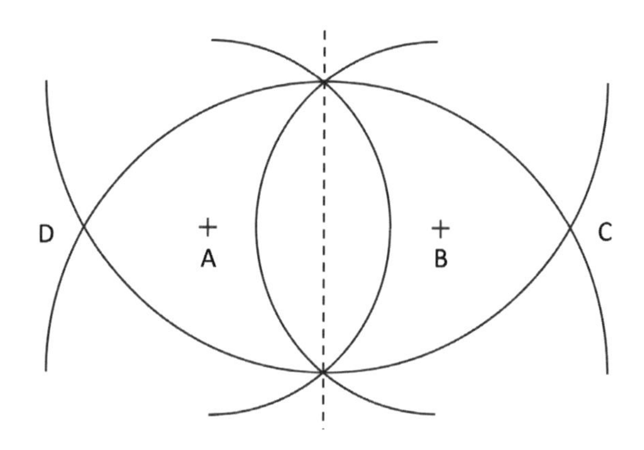

두 반원은 위아래에 두 개의 교점을 만든다. 이제 컴퍼스의 간격을 더 넓힌 후 앞서 만들어진 각 교점을 기점으로 반원을 그린다. 이 두 반원은 좌우에 두 개의 교점(C와 D)을 만든다. C와 D는 A와 B를 잇는 선 위에 있다.

과제 39

새로운 방식의 주사위 던지기를 해보자. 짝수가 나오면 그 수만큼 플러스 점수를 받는다. 홀수가 나오면 그 수만큼 마이너스 점수를 받는다. 다섯 번을 연속해서 던졌는데, 두 번이 같은 수가 나왔고 나머지 세 번은 모두 달랐다. 최종 점수가 0점이었다면, 주사위 숫자 다섯 개는 무엇이었을까?

서로 다른 네 개의 숫자가 나왔고 그중 하나는 두 번이 나왔다. 홀수가 나온 횟수는 짝수여야 한다. 그래야 짝수의 합을 0으로 만들 수 있다. 총 세 가지 경우의 수가 있다.

1) 같은 수의 홀수가 두 번, 다른 수의 짝수 세 번. 짝수 세 번은 2+4+6 한 가지밖에 없다. 이것은 홀수 5 두 번(−5×2)으로도 0을 만들 수 없으므로 탈락.

2) 다른 수의 홀수가 두 번, 짝수가 세 번. 단, 짝수 중 두 번은 같은 수이고 한 번은 다른 수. 합해서 0이 될 수 있는 유일한 경우가 −3, −5, 2, 2, 4이다.

3) 홀수가 네 번 나왔고 이 중 두 번이 같은 수이고, 짝수가 한 번인 경우는 탈락인데, 홀수 1+3+5만 합해도 벌써 짝수 한 번(6)보다 크기 때문에 0을 만들 수 없다.

과제 40

서로가 적인 마피아 다섯 명이 결투를 위해 자정 무렵 어두운 광장에서 만났다. 그들은 모두 서로 다른 거리를 두고 떨어져 있었다. 각자 정확히 한 발씩 쏠 수 있고, 12시 정각이 되는 순간 가장 가까이 있는 상대를 쏴서 죽

이기로 했다. 이때 적어도 한 명은 살아남는다는 걸 증명하라.

마피아 다섯 명이 서로 다른 간격으로 있기 때문에, 가장 가까운 거리를 두고 선 두 사람이 있을 것이고 이 둘은 서로를 쏘아 죽이게 된다. 이제 두 가지 경우만 구별하면 된다.

1) 남은 세 사람 중 어느 누구도 처음 두 사람을 쏘지 않았다면, 세 사람 중 두 명이 가까운 곳에 있으므로 둘은 서로를 쏘아 죽이고 나머지 한 사람은 살아남는다.

2) 제일 먼저 서로 총을 쏜 두 사람 중 한 명이 적어도 한 발 이상을 맞았다면, 나머지 세 사람 중에는 총알이 두 발밖에 남지 않았다. 그러므로 적어도 한 명은 살아남는다.

과제 41

관객 한 명을 골라 네 자릿수 숫자 중 하나를 종이에 적으라고 한다. 그는 3485를 적었다. 관객이 적은 쪽지를 잠깐 본 다음, 다른 종이에 23483이라고 적은 후 아무에게도 보여주지 않고 그대로 접어 탁자 위에 놓는다. 관객에게 이렇게 말한다.

"이제 당신이 고른 숫자들을 가지고 산수 계산을 해볼까요? 하지만 최종 결과를 저는 벌써 알고 있어요."

관객에게 네 자릿수 숫자 두 개를 더 고르게 하고 거기에 당신도 네 자릿수 숫자 두 개를 골라 더한다. 끝으로 총 다섯 개의 수를 더한다. 그리고 그 결과는 정확히 23483이다.

예를 들어

관객의 첫 번째 수 : 3485

관객의 두 번째 수 : 7852

당신의 첫 번째 수 : 2147
관객의 세 번째 수 : 4305
당신의 두 번째 수 : 5694
총합 : 23483

이 숫자트릭의 비밀은 무엇일까?

관객이 두 번째 수를 적으면, 당신은 두 수의 합이 9999가 되는 수를 선택한다. 세 번째 수에서도 똑같이 한다. 7852에서 당신의 선택은 2147이고 4305에서는 5694를 선택한다. 두 수의 합은 언제나 9999이다. 그러므로 다섯 수의 합은 언제나 관객이 처음 고른 수에 9999×2를 더한 수와 같다. 즉 처음 수+20000−2.

과제 42

관객 한 명을 골라 주사위 두 개를 던지게 한다. 그 전에 당신은 주사위를 보지 못하게 뒤로 돌아서 있어야 한다. 이제 관객은 다음과 같은 간단한 계산을 해야 한다. 첫 번째 주사위 숫자의 두 배에 5를 더한다. 그 결과에 5를 곱하고 두 번째 주사위 숫자를 더한다. 결과를 들으면 당신은 즉시 두 주사위 숫자를 말할 수 있다. 어떻게?

주사위를 던진 두 수를 a와 b라고 하면, 관객의 계산은 $(2a+5)\times5+b=10a+25+b$이다. 계산 결과에서 25를 빼면 10의 자릿수와 1의 자릿수가 주사위 두 수와 일치한다.

과제 43

1에서 100까지 모든 수의 각 자릿수의 합을 구하라.

1에서 9까지의 각 자릿수의 합이 45(1+9+2+8+3+7+4+6+5)이다. 10에서 19까지는 1의 자릿수가 45이고 10의 자릿수가 10×1=10이다. 20에서 29까지는 45+10×2를 얻고 그런 식으로 계속 계산하여 90에서 99까지는 45+10×9를 얻는다. 남은 하나 100의 각 자릿수의 합은 1이다. 그러므로 1부터 100까지 모든 수의 각 자릿수의 합은

10×45+10×(1+2+3+⋯+8+9)+1=20×45=1=901이다.

과제 44

유로 지폐에 있는 열한 자릿수 일련번호를 이용한 숫자 마술을 설명했다. 그러나 달러 지폐의 일련번호는 여덟 자리다. 달러 지폐로도 사용할 수 있게 하려면 유로 지폐에 쓴 트릭을 어떻게 수정해야 할까?

유로 지폐에서처럼 일련번호 각 쌍의 합(첫 번째 숫자+두 번째 숫자, 두 번째 숫자+세 번째 숫자, 세 번째 숫자+네 번째 숫자, … 일곱 번째 숫자+여덟 번째 숫자)을 불러달라고 한다. 총 7개다. 그다음 두 번째 숫자와 맨 마지막 숫자의 합을 알려달라고 한 후 그 수를 여덟 번째 수로 마지막에 적는다. 이제 덧셈과 뺄셈을 교대로 계산할 차례인데, 이때 맨 왼쪽에 있는 수를 무시한다. 그러니까 두 번째, 네 번째, 여섯 번째, 여덟 번째 수의 합에서 세 번째, 다섯 번째, 일곱 번째 수의 합을 뺀다. 그 결과의 절반이 일련번호 두 번째 숫자이다. 유로 지폐에서 썼던 방법으로 나머지 숫자들을 알아낼 수 있다.

과제 45

마지막에 설명한 카드 마술의 원리는 무엇인가?

탁자에 카드 세 장이 놓였고 남은 카드를 한곳에 모으면 52–3=49장이다. 관객이 뽑았던 카드는 밑에서 열한 번째에 있다. 위에서부터 헤아리면 서른아홉 번째에 있다. 탁자에 놓인 카드는 1부터 13 사이의 a, b, c를 가진다. 카드 묶음에서 13–a, 13–b, 13–c만큼 탁자에 놓았으므로 카드 묶음은 이제 39–a–b–c장이 줄었다. 이어서 a+b+c장을 더 내려놓으면, 원래 49장이었던 묶음에서 총 39–a–b–c+(a+b+c)=39장을 내려놓게 된다. 그러므로 서른아홉 번째 카드가 바로 관객이 맨 처음 뽑았던 카드이다.

용어사전

가수 덧셈에서 다른 수로 더해져야 할 제1항.

각 자릿수의 합 어떤 수의 각 자릿수를 합한 것을 말한다. 예를 들어 111의 각 자릿수의 합은 1+1+1=3이다.

공리 이론체계의 가장 기초적인 근거가 되는 명제로, 다른 명제들을 증명하기 위한 전제로 이용되는 가장 기본적인 가정을 가리킨다. 수학적 증명은 공리와 이미 증명된 정리들을 기초로 하며 이때 공리와 정리는 참으로 간주한다. "모든 자연수 n은 오직 단 하나의 다음 수 n+1을 가진다." 이것은 산술의 공리인데, 이것을 기초로 자연수의 양을 정의하게 된다.

교차 곱셈 최소 두 자릿수인 두 수의 곱셈에서 사용하는 방법으로, 대각선을 이용해 곱셈 값을 찾아낸다. 예를 들어, 23×41을 계산할 때, 1의 자릿수 : 3×1=3. 10의 자릿수 : 3×4+2×1=14, 4를 취하고 1은 왼쪽으로 올린다. 100의 자릿수 : 2×4+1(올라온 수)=9. 곱셈 값 : 23×41=943.

근 근은 기본적으로 제곱근($y^2=x$일 때, x의 제곱근은 y다.)을 의미한다. 어떤 수의 세제곱근 혹은 n제곱근을 계산할 수 있다. 다시 말해 $x=q^3$ 또한 $x=r^n$이 성립하는 수 q와 r을 구할 수 있다. 이때 $q=\sqrt[3]{X}$, $r=\sqrt[n]{X}$ 라고 적는다.

내각의 합 삼각형의 내각의 합은 180도이다. 사각형은 360도. n각형의 내각의 합을 구하는 일반 공식은 (n-2)×180도.

다각형 폴리곤이라고도 불리는데, 꼭짓점을 최소한 세 개 이상 갖는 평면 도형이다. 모든 꼭짓점이 선으로 연결되어 닫힌 면이 생긴다.

다항식 1개 이상의 단항식을 대수의 합으로 연결한 식을 말한다. 다항식의 최고 차수 항이 n차일 경우, 그 다항식을 n차 다항식이라고 한다. 이때 n은 자연수이다. 다항식은 다음과 같이 표현한다.

$a_nx^n+a_{n-1}x^{n-1}+\cdots+a_1x+a_0$

로그함수/지수함수 a를 1이 아닌 양의 실수라고 할 때, 두 변수 x와 y 사이에 $a^y=x$인 관계가 있으면 y는 a를 밑으로 하는 x의 로그함수라 하고, $y=\log_a x$로 나타낸다. 지수함수는 로그함수의 역함수이다.

모듈로 어떤 자연수를 다른 자연수로 나눈 나머지를 나타낼 때 모듈로(줄여서 mod)라는 표현을 사용한다. 8을 3으로 나눈 나머지를 나타낼 때, 8 mod 3=2라고 적는다. 덧셈과 곱셈에서 나머지를 계산하는 규칙은 다음과 같다.

(b×a) mod n=b×(a mod n)

(a+b) mod n=a mod n+b mon n

뫼비우스의 띠 위상수학의 2차원 도형이다. 긴 종이 띠의 한쪽 끝을 180도 돌린 후 양 끝을 붙여 고리를 만들면 이것이 뫼비우스의 띠이다. 이 띠에는 안과 밖의 구별이 없다.

무리수 실수 중에서 유리수가 아닌 수. 즉, 두 정수 a와 b

의 비례인 꼴 a/b(b≠0)로 나타낼 수 없는 수로, 예를 들어 2의 제곱근과 원주율 파이는 무리수다.

밑 제곱수는 a^b로 표현되는데, 이때 a가 밑이고 b는 지수이다.

변수 어떤 관계나 범위 안에서 여러 가지 값으로 변할 수 있는 수. 그러므로 변수는 알파벳으로 나타낸다.

부등식 두 수나 식의 크기를 나타낸 식으로, 부등호를 사용하여 두 크기의 비교를 표기한다.

분모/분자 유리수 r은 정수 a와 b로 구성된 분수로 표현할 수 있다. r=a/b. 이때 a를 분자, b를 분모라 한다.

분수 정수 a와 b로 구성된 유리수로 a/b로 나타낸다.

상용로그 로그의 밑수가 10인 로그를 말한다.

소수 1보다 큰 자연수 중에서 인수가 1과 자기 자신뿐인 수를 말한다.

약수/인수 자연수 a를 t로 나누었을 때 나머지가 없다면 t는 a의 약수/인수이다.

원주율 파이(π) 원주율은 이름 그대로 지름에 대한 원의 둘레(원주)의 비율을 말한다. 지름이 1인 원의 둘레의 비율이 파이(=3.14159…)이다.

위상수학 수학의 한 분야이다. 형태를 바꾸더라도 변하지 않는 기하학 입체의 특징을 다룬다. 예를 들어 머그잔과 도넛은 위상수학에서 같은 것으로 취급된다.

유리수 실수 중에서 정수와 분수를 합친 것을 말하는데,

두 정수 a와 b(b≠0)를 a/b(분수)의 꼴로 나타낸 수를 말한다.

이항정리공식
$(a+b)^2=a^2+2ab+b^2$, $(a-b)^2=a^2-2ab+b^2$ 그리고 $(a+b)(a-b)=a^2-b^2$ 괄호로 묶인 계산을 다항식으로 확장하여 계산을 쉽게 하고 덧셈과 뺄셈으로 쪼갤 수 있게 하는 특별공식이다.

자연수
자연수의 집합은 다음과 같이 정의된다. "가장 작은 자연수는 0이다. 모든 자연수 n은 오직 단 하나의 다음 수 n+1을 가진다. 0보다 큰 모든 자연수는 오직 단 하나의 이전 수를 가진다."

정리/명제
증명되어야 할 수학적 진술이다. 하나의 명제/정리를 증명하기 위해서는 공리와 이미 증명이 완료된 다른 정리/명제가 필요하다.

정수
자연수(1, 2, 3, …)와 이들의 음수(-1, -2, -3, …), 그리고 0으로 이루어진 수 체계를 말한다.

제곱
같은 수를 2회 거듭하여 곱한 것을 말한다.

제곱근
어떤 수 y를 제곱하여 x가 되었을 때, y를 x의 제곱근이라고 한다. $y^2=x$이고 $y=\sqrt{X}$라고 쓴다.

제곱수
a^b로 표현되는 수를 말한다. 이때 a가 밑이고 b는 지수이다.

증명
어떤 명제, 정리, 가정이 옳음을 밝히는 일을 증명이라 부른다. 증명을 위해서는 참임을 전제로 하는 공리와 이미 참임이 증명된 정리(명제)가 기본적으로 필요하다.

지수 제곱수는 a^b로 표현되는데, 이때 a가 밑이고 b는 지수이다.

집합 수학의 한 영역으로 서로 구별되는 대상들을 순서와 무관하게 모은 것을 말한다. 이때 집합에 속하는 각각의 대상들을 원소라고 한다. 자연수의 집합처럼 원소의 개수가 무한히 많은 '무한집합'이 있는가 하면 원소가 하나도 없는 집합도 있다. 이것을 '공집합'이라 부른다. 수학자들은 둘 이상의 집합을 비교할 때, 동시에 모든 집합의 원소가 되는 부분(교집합)과 오직 한 집합의 원소만 되는 부분(여집합)에 주로 관심을 둔다.

초월수 계수가 유리수인 다항 방정식의 해가 될 수 없는 복소수이다. 원주율 파이가 여기에 속한다.

카이제곱 검정 통계에서 특정 가정 분포의 표본에서 나온 수가 충분한지 검정하는 방법. 주사위를 예로 들면, 우리는 60번을 던지고 숫자를 기록한다. 1부터 6이 각각 정확히 10번씩 나올 확률은 거의 없다. 그러나 그럼에도 우리는 주사위 숫자가 균등하게 분포한다고 가정한다. 실험에서 얻은 주사위 분포가(통계학적으로 볼 때) 균등분포에 적합한지 카이제곱 검정으로 검사할 수 있다.

함수 어떤 집합(정의역)의 모든 원소에 대해 또 다른 집합(공역)의 단 하나의 원소가 짝지어져 있는 관계를 가리킨다. $y=f(x)$로 표현한다.

합동 두 도형의 모양과 크기가 서로 같다는 것을 의미한다. 어떤 점의 집합이 등거리 변환을 통해 다른 집합이 될 수 있으면 두 집합을 합동이라 한다. 두 선분의 길이 또는 두 각의 크기가 같아도 그 선분 및 각을 합동이라고 한다.

항

숫자 또는 문자를 사용하여 덧셈 혹은 뺄셈을 나타내는 수학적 표현. 식에서 부호(+, −)를 제외한 숫자나 문자.

잡스러운
수학 엿보기

초판 1쇄 인쇄 · 2015년 1월 15일
초판 1쇄 발행 · 2015년 1월 22일

지은이 · 홀거 담베크
옮긴이 · 배명자
펴낸이 · 이종문(李從聞)
펴낸곳 · 국일미디어

편집기획 · 이영민, 이지현, 최민숙
디자인 · 이희욱
영업마케팅 · 이진석, 강준기
관리 · 최옥희, 장은미
제작 · 유수경

등록 · 제406-2005-000025호
주소 · 경기도 파주시 교하읍 문발리 파주출판문화정보산업단지 507-9
영업부 · Tel 031)955-6050 | Fax 031)955-6051
편집부 · Tel 031)955-6070 | Fax 031)955-6071

평생전화번호 · 0502-237-9101~3

홈페이지 : www.ekugil.com(한글인터넷주소 · 국일미디어, 국일출판사)
E-mail : kugil@ekugil.com

값은 표지 뒷면에 표기되어 있습니다.
잘못된 책은 바꾸어 드립니다.

ISBN 978-89-7425-615-9(03410)